公式テキスト

ビジネス統計スペシャリスト

エクセル分析 一般

玄場 公規・湊 宣明・豊田 裕貴
[共著]

- Microsoft、Windows、Microsoft 365、Excel は、米国 Microsoft Corporation の米国およびその他の国における登録商標または商標です。
- その他、本文中に記載されている会社名、製品名は、すべて関係各社の商標または登録商標、商品名です。
- 本文中では、™マーク、®マークは明記しておりません。
- 本書に掲載されている全ての内容に関する権利は、株式会社オデッセイコミュニケーションズ、または、当社が使用許諾を得た第三者に帰属します。株式会社オデッセイコミュニケーションズの承諾を得ずに、本書の一部または全部を無断で複写、転載・複製することを禁止します。
- 株式会社オデッセイコミュニケーションズは、本書の使用による「エクセル分析 一般」の合格を保証いたしません。
- 本書に掲載されている情報、または、本書を利用することで発生したトラブルや損失、損害に対して、株式会社オデッセイコミュニケーションズは一切責任を負いません。

はじめに

　本書は、ビジネスの現場でさまざまなデータを活用するための基本的な知識と Excel を用いた具体的な分析方法を説明しています。今や、ビジネスの現場においても、日常的に多種多様なデータが簡単に入手でき、パソコンさえあれば高度な分析も可能ですが、十分に活用されている状況とはいえません。

　このような問題意識に基づいて、株式会社オデッセイコミュニケーションズの出張社長の呼びかけにより、ビジネス現場においてデータを分析するための必要な基礎知識や Excel の具体的な活用方法を検討する研究会を組織し、2014 年度から活動をしてきました。その成果の一部として、2015 年度出版の書籍『ビジネス統計　統計基礎とエクセル分析』および資格試験『ビジネス統計スペシャリスト　エクセル分析スペシャリスト』を公開しました。ただ、これらの内容を十分に習得するためには、ある程度専門的な知識が求められるため、一般のビジネスマンの方々には「少し高度である」というご意見を数多く頂きました。本書は、義務教育の算数および数学の知識を習得していれば、誰でも理解できるレベルを目的として開発しました。また、資格試験『ビジネス統計スペシャリスト　エクセル分析 一般』の範囲に対応しています。ビジネス統計スペシャリストを活用・推奨していただいている企業と教育機関のご支援もあり、資格試験の受験者は順調に増加しています。研究会の活動から約 10 年の節目に本書の内容を見直し、改訂することとなりました。

　本書の著者は三人で、いずれも大学院で実践的なデータ分析の教育を担当しています。第一部は玄場公規が担当し、第二部を立命館大学の湊宣明教授、第三部を法政大学の豊田裕貴教授に執筆をお願いしました。

　本書の対象者は、大手企業のマーケティング担当者など統計を駆使しているような専門家を想定していません。また、大学である程度統計を学んだ方にも少し物足りないと感じるかもしれませんが、データ分析については「勉強して知識を持っている」ということと、「実際に使える」ということには大きな隔たりがあると考えています。ですから、ある程度知識を持っている方も、章末の問題に取り組んで、実践的な力が身についているかを確認いただければと思います。おそらく、第一部の内容はすぐに実践できるかもしれませんが、第二部および第三部の内容は、意外に理解が十分でない、あるいは実践の方法が分かっていなかったということがあるかもしれません。

　繰り返しになりますが、本書は義務教育の算数・数学レベルを習得していれば、十分理解して実践できる内容となっているので、一般の社会人や大学生だけではなく、中学生や高校生も取り組めると思います。ぜひ、本書の内容を理解して、広く日本のビジネスの現場において、データ分析を実践していただけることを期待しています。

法政大学大学院イノベーション・マネジメント研究科
玄場公規

目次

はじめに iii
本書について viii
ビジネス統計スペシャリスト　試験概要 x
学習環境 xii

①ビジネスデータ把握力 編

第1章　平均 2
 1.1 平均とは何かを知る 3
 1.2 平均を求める 3
  1.2.1 Excelを起動してファイルを開く 3
  1.2.2 自分で数式を作成する方法 4
  1.2.3 AVERAGE関数を使用する方法 6
  1.2.4 関数を挿入するその他の方法 8
 1.3 まとめ 11
 章末問題 11

第2章　中央値 12
 2.1 中央値が何かを知る 13
 2.2 中央値を求める 14
  2.2.1 Excelを起動してファイルを開く 14
  2.2.2 中央値を求める 16
 2.3 平均と中央値の違い 18
 2.4 まとめ 18
 章末問題 19

第3章　最頻値 20
 3.1 最頻値が何かを知る 21
 3.2 最頻値を求める 22
 3.3 まとめ 24
 章末問題 25

第4章　レンジ 26
 4.1 レンジが何かを知る 27
 4.2 レンジを求める 28
 4.3 まとめ 32
 章末問題 33

第 5 章　標準偏差 34
5.1　標準偏差が何かを知る 35
5.2　標準偏差を求める 36
5.2.1　標準偏差の関数を使用しない方法 36
5.2.2　Excel 関数を使用する方法 40
5.3　Excel の分析機能「基本統計量」 44
5.3.1　分析ツールアドインを設定する 44
5.3.2　基本統計量を使用する 47
5.4　まとめ 49
章末問題 50

② ビジネス課題発見力 編

第 6 章　外れ値の検出 52
6.1　外れ値が何かを知る 53
6.2　散布図を用いた外れ値の検出 53
6.2.1　散布図を作成する 54
6.2.2　近似曲線を挿入する 56
6.3　折れ線グラフを用いた外れ値の検出 58
6.3.1　折れ線グラフに補助線を挿入する 59
6.4　まとめ 61
章末問題 62

第 7 章　度数分布表 64
7.1　度数分布表が何かを知る 65
7.2　度数分布表を作成する 65
7.3　ヒストグラムが何かを知る 70
7.4　ヒストグラムを作成する 72
7.5　まとめ 75
章末問題 76

第 8 章　標準化 78
8.1　標準化が何かを知る 79
8.2　平均の異なるデータを標準化する 80
8.3　まとめ 83
章末問題 84

第 9 章　移動平均 86
9.1　移動平均が何かを知る 87
9.2　時系列データを整理する 87
9.3　移動平均を使って時系列データを分析する 89
9.4　結果を見る 94
9.5　まとめ 95
章末問題 96

第10章　季節調整 ... 98
- 10.1　季節調整が何かを知る ... 99
- 10.2　時系列データを用意する ... 99
- 10.3　時系列データを整理する ... 100
- 10.4　季節変動値を求める ... 101
- 10.5　季節変動値を考察する ... 103
- 10.6　季節指数を考慮して考察する ... 107
- 10.7　まとめ ... 110
- 章末問題 ... 110

③ビジネス仮説検証力 編

第11章　集計 ... 114
- 11.1　2つの変数の関係に着目する ... 115
- 11.2　仮説のタイプを確認する ... 116
- 11.3　質的変数（原因）→量的変数（結果）の仮説を検証する ... 117
- 11.4　仮説の検証に必要な視点を考える ... 121
- 11.5　質的変数（原因）→質的変数（結果）の仮説を検証する ... 122
- 11.6　まとめ ... 129
- 章末問題 ... 130

第12章　散布図 ... 132
- 12.1　量的変数と量的変数の関係を知る ... 133
- 12.2　量的変数と量的変数の関係をグラフ化する (1): 折れ線グラフ ... 134
- 12.3　量的変数と量的変数の関係をグラフ化する (2): 散布図 ... 137
  - 12.3.1　散布図の傾向を理解する ... 138
  - 12.3.2　散布図を複製する ... 139
- 12.4　まとめ ... 141
- 章末問題 ... 142

第13章　相関分析 ... 144
- 13.1　相関関係を確認する ... 145
- 13.2　相関係数（ピアソンの積率相関係数）とは何かを知る ... 145
- 13.3　分析ツールを使用して相関係数を計算する ... 149
- 13.4　「相関がない＝関係性がない」ではない ... 152
- 13.5　「相関がある＝因果関係がある」ではない ... 153
- 13.6　まとめ ... 154
- 章末問題 ... 154

第14章　回帰分析 ... 156
- 14.1　直線関係を詳しく調べる ... 157
- 14.2　y=ax+b の「a」とは何かを理解する ... 160
- 14.3　y=ax+b の「b」とは何かを理解する ... 161
- 14.4　どれくらい説明できるか確認する ... 162
- 14.5　分析ツールで回帰分析を行う ... 164
- 14.6　まとめ ... 167
- 章末問題 ... 168

第 15 章　最適化 ... 170
15.1　Excel でシミュレーションを行う ... 171
15.2　回帰分析の結果を活用する ... 173
15.3　利益を最適化する価格を探す ... 174
15.4　ソルバー機能を活用する ... 175
15.4.1　ソルバーアドインを設定する ... 175
15.4.2　ソルバーを使用して最適化する ... 177
15.5　まとめ ... 180
章末問題 ... 180

章末問題　解答 ... 182

索引 ... 190

本書について

本書の目的
　本書は、ビジネスの現場でさまざまなデータを活用するための基本的な知識とExcelを使用したデータ分析の方法を解説した書籍です。また、認定資格『ビジネス統計スペシャリスト（略称：ビジ統）』の『エクセル分析 一般』の出題範囲に対応しており、試験対策テキストとしてもご利用いただけます。

対象読者
　本書は、統計分析の実務やデータの見方を習得したい学生、ビジネスパーソンを対象としています。

本書の構成
　本書は、大きく3つの部門に分かれており、全15章で構成されています。各章では、Excelを使用してデータを分析する基本的な考え方や手順を解説しています。章が進むにつれて、より高度な分析方法を習得できるようになります。

本書の制作環境
　本書は、以下の環境を使用して制作しています。（2024年12月現在）
- Microsoft Windows 11 Pro（64ビット版）
- Microsoft 365

本書の表記について
　本書では、以下の略称を使用しています。

名称	略称
Windows 11 Pro	Windows 11、Windows
Microsoft Excel for Microsoft 365	Excel 365、Excel

学習の進め方
　ビジネス統計スペシャリスト公式サイトで、学習に使用するデータ（Excelブック）を提供しています。ダウンロード方法は「学習用データのダウンロード」をご覧ください。

章末問題

各章には、学習した内容の理解度を確認するための「章末問題」を掲載しています。正解は最終ページ（「索引」前）をご覧ください。章末問題で使用するデータ（Excel ブック）と解答の解説は Web サイトで提供しています。ダウンロード方法は「学習用データのダウンロード」をご覧ください。

学習用データのダウンロード

学習用データは、以下の手順でご利用ください。

1. ユーザー情報登録ページを開き、認証画面にユーザー名とパスワードを入力します。

> URL：https://stat.odyssey-com.co.jp/book/statex_basic2/
> ユーザー名：statbasic2
> パスワード：L7uFrk

2. ユーザー情報登録フォームが表示されたら、お客様情報を入力して登録します。
3. ［入力内容の送信］ボタンをクリックしたあと、［学習用データダウンロード］ボタンをクリックし、表示されたページから学習用データをダウンロードします。

イラストについて

各章の冒頭の挿絵は、その章の学習内容をイメージするためのエピソードをイラスト化したもので、必ずしも本文の解説を補足するものではありません。

ビジネス統計スペシャリスト　試験概要

ビジネス統計スペシャリストとは

『ビジネス統計スペシャリスト』は、データ分析の"実践"に重点を置き、身近に活用できるExcelを使用したデータ分析と分析結果を正確に理解し、応用する能力を評価する資格試験です。

試験科目（2025年5月現在）

ビジネス統計スペシャリストには下記の科目があります。（2025年5月現在）

※本書は「エクセル分析 一般」の出題範囲に対応しています。

試験科目	出題数	試験時間
エクセル分析 一般	33問	60分
エクセル分析 上級	30問	60分

試験の形態と受験料

試験は、試験会場のコンピューターで実施します。（CBT：Computer Based Testing方式）
知識を問う問題とエクセルの操作をともなう操作問題が出題されます。

出題形式	選択肢形式、ドロップダウンリスト形式、記述穴埋め形式 * * 記述穴埋め形式：数字もしくは文字を空欄に入力して解答します。
Excel操作問題	Excelを操作して、その結果をもとに解答します。Excelバージョンは、ご受験になる会場により異なります。 お客様がExcelバージョンを指定することはできません。操作性に大きな違いはありませんが、本書で解説（メモ、ヒント含む）している操作を幅広く学習されることをお薦めします。
合格基準	700点（1000点満点）
受験料	一般価格と割引価格 ** があります。 最新の受験料については、ビジネス統計スペシャリスト公式サイトをご参照ください。 https://stat.odyssey-com.co.jp/ ** 割引価格はオデッセイコミュニケーションズが実施・運営する資格試験『MOS』、『VBAエキスパート』、『IC3』、『コンタクトセンター検定試験』、『ビジネス統計スペシャリスト』、『外交官から学ぶグローバルリテラシー』、『令和のマナー検定』のいずれかを1科目以上取得している方、または試験当日に学生の方へ適用されます。

本書と出題範囲の対応表

『ビジネス統計スペシャリスト エクセル分析 一般』の出題範囲と本書の解説ページとの対応表です。試験では、各中分類の理解度を問う問題と、各部の中分類を総合的に問う問題が出題されます。

大分類		中分類	本書ページ
第1部	ビジネスデータ把握力	平均	2
		中央値	12
		最頻値	20
		レンジ	26
		標準偏差	34
第2部	ビジネス課題発見力	外れ値の検出	52
		度数分布表	64
		標準化	78
		移動平均	86
		季節調整	98
第3部	ビジネス仮説検証力	集計	114
		散布図	132
		相関分析	144
		回帰分析	156
		最適化	170

その他の詳細情報については、ビジネス統計スペシャリスト公式サイトをご参照ください。
https://stat.odyssey-com.co.jp/

学習環境

本書は、Windows 11 と Excel 365 の環境で制作しています。
OS や Excel のバージョンによって、メニューやダイアログボックスの名称が異なる場合があります。

小数の表示について

・本書内では、計算結果の小数点以下の桁数を指示していない章があります。小数点以下の桁数が本文内のサンプル画像と異なる結果になったとしても学習するべき内容に影響はありません。

グラフの表示について

・本書では、グラフのデータ系列を黒、グレーなどの無彩色の明暗で表現したり、一部データ系列の線の種類を変更したりしています。学習されている環境ではデータ系列は、異なる色合いで表示されます。本文と同じように線の種類や色を変更する必要はありません。

・グラフに関する解説では、グラフのタイトルを変更する手順、グラフのタイトルを表示しない手順などを省いて解説を進めている章があります。作成したグラフが本書内のグラフの画像と異なる結果になったとしても学習する内容に影響はありません。

数式のコピー

・本書では、セルの［オートフィル］機能を使った操作が多く出てきます。オートフィルで数式をコピーした際に、値のみコピーされてしまう場合は Excel のオプション設定を変更します。［ファイル］タブの［オプション］をクリックして、［数式］を選択したら、［計算方法の設定］にあるブックの計算を［自動］に変更してください。

- オートフィル以外の操作としては、貼り付けオプションで［数式］を選択する方法もあります。

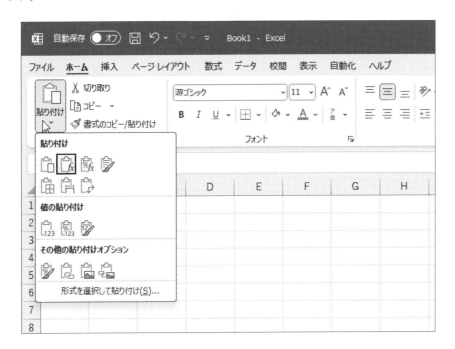

1 ビジネスデータ把握力 編

第 1 章 　平均
第 2 章 　中央値
第 3 章 　最頻値
第 4 章 　レンジ
第 5 章 　標準偏差

第1章 平均

- 平均の意味を説明できる。
- 自分で数式を作成できる。
- Excelの「AVERAGE」関数を使って、データの平均を計算できる。

 君は仕事の後でよく飲みにいくな。月にどのくらいのお小遣いをもらっているんだい？

毎月、決まった金額ではないけれど、今月は6万くらいかな。

 6万円も!?

今月はね。1年で平均すれば、月あたり3万円くらいだよ。先月が少なかったから、今月は多いのかもしれないな。

 トータルの金額は、僕と同じだな。多い月に散財してしまって少ない月に困るから僕は一定の額がいいな。

安定しているほうが、計画的に使えるからね。毎月使える金額を意識するといいよ。この考えかたは財布にも、家計にも大いに役立つね。

 合計金額は同じでも、6万円の月があるのはうらやましいよ！

この会話のように、変化の度合いが異なる「数字」を平均で比較することは日常的に行われています。データが少なければ平均は簡単に求められますが、データが多い場合は大変です。ただ、データが多くても、Excel を用いれば簡単に計算できます。ここでは、平均の求めかたを学びましょう。

1.1 平均とは何かを知る

まずは、**平均**について復習しましょう。小学校で習う算数でおなじみの公式「**平均＝合計÷個数**」です。合計の値をデータの個数で割ったものが平均です。Excel を用いる場合でも、平均の求めかたは同じです。

このテキストでは、さまざまな統計量の求めかたを解説していきます。**統計量**とは「データの特徴を表す値」のことです。平均も代表的な統計量のひとつです。

さまざまな統計の値を理解していくために、式を覚えるだけでなく求めかたをイメージすることも重要です。たとえば、でこぼこの道をアスファルトの道路にするとき、重機などを使って平らに均します。この作業が平均を求めるイメージです。数字のばらつきが大きく、データの個数が多いものは、起伏が激しく長いでこぼこ道のようなものです。グラフやデータが与えられたとき、データの「でこぼこ」をなくし平らにすると思えば、わかりやすいでしょう。

1.2 平均を求める

次に、例題をもとに平均を計算します。

表 1.1 は、ある会社の各部門に配属された人数のデータです。各部門の平均人数を計算してみましょう。

● 1.2.1 Excel を起動してファイルを開く

部門は全部で 7 つあります。平均の公式は合計÷個数です。ここでの「合計」とは、各部門の総人数のことです。「個数」は部門数、つまり 7 です。

表 1.1 各部門の人数

部門名	人数（人）
繊維部門	123
機械部門	154
造船部門	190
新規事業部門	30
環境部門	85
デザイン部門	51
広告部門	60

Excel を起動して、学習用ファイル「第 1 章 .xlsx」を開くと、上の表のように、列 A のセル範囲 A2：A8 に部門名、列 B のセル範囲 B2：B8 に部門の人数のデータが並んでいま

す。この表に、部門の人数を合計した行を追加して、平均を求めていきましょう。

本書では、平均を求める方法として、自分で数式を作成する方法と **AVERAGE 関数**を用いる方法の 2 つを紹介します。

● 1.2.2 自分で数式を作成する方法

①学習用ファイル「第 1 章 .xlsx」を開きます。セル A9 に「合計人数」と入力し、セル B9 をクリックして選択します。

	A	B	C	D	E	F
1		各部門人数				
2	繊維部門	123				
3	機械部門	154				
4	造船部門	190				
5	新規事業部門	30				
6	環境部門	85				
7	デザイン部門	51				
8	広告部門	60				
9	合計人数					
10						
11						

②選択したセル B9 に人数の合計値を求めます。空白のセル B9 を選択している状態では、[**数式バー**] も空欄です。ここに計算式を入力すれば、その計算結果がセル B9 に表示されます。Excel で数式や関数を挿入する場合、数式の先頭に「=」(イコール) を入力しなければなりません。Excel のルールですので、覚えておきましょう。

数式バー

	A	B	C	D	E	F
1		各部門人数				
2	繊維部門	123				
3	機械部門	154				
4	造船部門	190				
5	新規事業部門	30				
6	環境部門	85				
7	デザイン部門	51				
8	広告部門	60				
9	合計人数					
10						
11						

③最初に求めるのは合計人数です。平均の公式は、合計÷個数でしたね。平均を出すには、合計値を求めなければなりません。合計値はセル範囲 B2：B8 の値の合計(**総和**：

すべて足し合わせた値）です。少し手間ですが入力します。
セルB9を選択した状態で［数式バー］をクリックしカーソルを表示させたら、「=B2+B3+B4+B5+B6+B7+B8」と入力します。

④式の入力が完了したら［Enter］キーを押すと、セルB9に合計値が出力されます。すべて手入力でも大丈夫ですが、B2などのセル番地は該当のセルをマウスでクリックしても数式に入力できます。

⑤合計値が出たら、最後は平均を出すために個数で割ります。セルA10に「平均人数」と入力します。

⑥セルB10に割り算をする式を入力します。セルB10を選択した状態で、［数式バー］に「=B9/7」と入力して［Enter］キーを押します。平均人数は「99」となりました。

	A	B	C	D	E	F
1		各部門人数				
2	繊維部門	123				
3	機械部門	154				
4	造船部門	190				
5	新規事業部門	30				
6	環境部門	85				
7	デザイン部門	51				
8	広告部門	60				
9	合計人数	693				
10	平均人数	99				
11						
12						

B10　＝B9/7

　各部門の人数は30人の部門から190人の部門までさまざまですが、平均人数は99人で、この7つの部門では、平均して1部門あたり99人いることがわかります。今回の計算では人数を扱っているので、単位は「人」です。平均は扱うデータにより単位が決まります。

　数式を入力する際には、先頭に「＝」を忘れないようにします。割り算を示す記号は「/」です。初めての方のためにExcelでよく使われる演算子を表1.2にまとめます。これらは一例ですが、基本的な記号ですので、理解しておきましょう。

表1.2　記号一覧と入力例

演算子	演算	入力例
＋	加（足し算）	＝1+2 ＝A1+B1
－	減（引き算）	＝2-1 ＝B1-A1
＊	乗（掛け算）	＝1*2 ＝A1*B1
／	除（割り算）	＝2/1 ＝B1/A1
＾	べき乗	＝2^3 ＝B1^C1

　今回は単純な割り算のみでしたが、数式バーに数学のルールどおり（足し算・引き算の計算より掛け算・割り算の計算が優先されるなど）に入力すればさまざまな計算ができます。なお、加減乗除の4つの計算方法をまとめて四則演算といいます。

● 1.2.3　AVERAGE関数を使用する方法

　1.2.2では、初心者の方でもわかりやすいように自分で式を作成する方法を説明しましたが、ここでは、より便利な方法を紹介します。Excelには、平均を計算する関数があらかじめ用意されています。今回はAVERAGE関数を用います。AVERAGE（アベレージ）関数は、

指定した範囲や数値の平均を求める関数です。手順さえ覚えてしまえば、自分で数式を作成する方法より簡単です。

①先ほどのデータを使用します。合計人数、平均人数が計算されているところを削除します。セル範囲 A9：B10 を範囲選択して［Delete］キーを押すと、セルは空白になります。

②セル A9 に「平均人数」と入力します。

③セル B9 を選択します。先ほどは［数式バー］に直接数式を作成しましたが、ここでは定義されている関数を使用します。
［ホーム］タブの［編集］グループにある［**Σ オート SUM**］ボタンの∨をクリックして、表示された一覧から［平均］を選択します。

④セル B9 には「=AVERAGE（B2:B8）」の数式が自動的に表示されます。Excel には、関数を挿入したセルの周囲に数値データが含まれていると、自動的にデータを検知するという特徴があります。セル B9 に AVERAGE 関数を挿入することで、その上部の範囲（B2：B8）を認識したことになります。

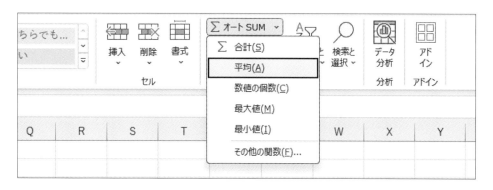

⑤ [Enter] キーを押して、計算結果を表示します。

	A	B	C	D	E	F
1		各部門人数				
2	繊維部門	123				
3	機械部門	154				
4	造船部門	190				
5	新規事業部門	30				
6	環境部門	85				
7	デザイン部門	51				
8	広告部門	60				
9	平均人数	99				

B9: =AVERAGE(B2:B8)

自分で数式を作成する方法と同じ値（平均）が求められました。AVERAGE関数には、1.2.2で作成した数式（＝合計÷個数）があらかじめ組みこまれているのです。

● **1.2.4　関数を挿入するその他の方法**

1.2.3の方法以外にも、関数を挿入する方法があります。

- [数式] タブの [関数ライブラリ] グループから挿入する方法
- [数式バー] を使用する方法
- 自分で関数を入力する方法

・**[数式] タブの [関数ライブラリ] グループから挿入する方法**

Excelの [数式] タブの [関数ライブラリ] グループから目的の関数を挿入する方法です。関数ライブラリは、計算の内容や処理によって、関数が複数のグループに分けられています。

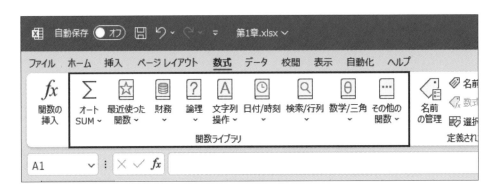

・[数式バー]を使用する方法

[数式バー]のすぐ左にある[**関数の挿入**](fx)ボタンをクリックして挿入する方法です。このボタンをクリックすると[関数の挿入]ダイアログボックスが表示され、目的の関数を検索して挿入できます。

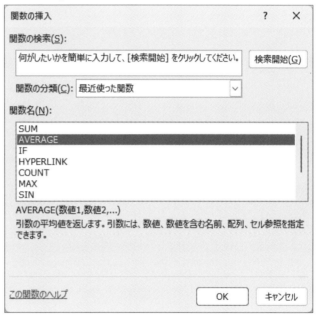

　目的の関数を選択して[OK]ボタンをクリックすると、[関数の引数]ダイアログボックスが表示されます。AVERAGE関数で、平均を求める範囲が1列に収まっている場合は、[数値1]にデータ範囲を指定します。複数列にまたがって平均を求める場合は、[数値2]にもデータ範囲を指定します。

・自分で関数を入力する方法

関数を選択しなくても、[数式バー]またはセルに「=aver」と入力すると、予測変換でAVERAGE関数を選択できます。表示された候補群から挿入する方法です。

1.3 まとめ

　この章では平均について学習しました。平均は、自分で数式を作成する方法と、既存の関数を使用する方法の2通りの計算方法があります。AVERAGE 関数を使うほうが簡単に見えますが、計算の流れを見せたいときは、自分で数式を作成するほうがよいかもしれません。一方、データ数が多い場合は、AVERAGE 関数を使うほうが操作は簡単になります。

　今回は総和を個数で割る平均を取り扱いました。これは一般的に用いられる平均ですが、ほかにも平均を求める方式があります。第1章で学習した平均は、「**相加平均**」といいます。

章末問題

知識問題

1. 平均について、次のなかから**誤っているもの**を1つ選んでください。
   (1) 平均は、総和を個数で割ることで求められる。
   (2) 平均に個数をかけると総和になる。
   (3) 平均は、個数が多すぎると計算できない。
   (4) 個数は、総和を平均で割った値である。

2. 平均について、次のなかから**正しいもの**を1つ選んでください。
   (1) 平均は、最大値と最小値の差である。
   (2) データの個数が3つ以上ないと平均は求められない。
   (3) データの合計を個数で割って求める平均を相加平均という。
   (4) 平均は整数の値を用いなければ計算できない。

3. 平均について、次のなかから**正しいもの**を1つ選んでください。
   (1) 平均はプラスの値のみの場合に計算できる。
   (2) 平均は MEDIAN 関数を用いて求めることができる。
   (3) 値が大きくばらつくと平均は計算できない。
   (4) 四則演算のみを用いて平均を求めることができる。

操作問題

1. データ（第1章 _ 章末問題 .xlsx の「操作問題①」シート）を使用して、テスト結果の平均（平均点）を求めてください。

2. データ（第1章 _ 章末問題 .xlsx の「操作問題②」シート）を使用して、気温の平均（平均気温）を求めてください。小数第2位で四捨五入して、小数第1位までの値を求めてください。

3. データ（第1章 _ 章末問題 .xlsx の「操作問題③」シート）を使用して、身長の平均（平均身長）を求めてください。小数第2位で四捨五入して、小数第1位までの値を求めてください。

第 2 章 中央値

Goal
- 中央値の意味を説明できる。
- Excelの「MEDIAN」関数を使って、データの中央値を計算できる。
- 中央値がビジネスにおいて何の役に立つかを理解できる。

うちの営業所は、10年以上使っている古い営業車が多くないか？ 新しい車も多いけれど、古い営業車は買い替えてもらいたいよな。会社の上層部に提案しようか？ ただ、ほかの営業所と比べて古い営業車が多いことをうまく説明しないと、アピールが弱くて買い替えてもらえないだろうな。

たしかに新しい営業車もあるので、すべての営業車の平均使用年数だけを示しても、古い営業車が多いことを理解していただけない可能性があります。使用年数の中央値を計算して、古い車の割合が多いことをアピールしてみましょうか？

それならさっそく、営業車の使用年数の中央値を算出してくれ。

わかりました。

よろしく！（あいつ、最近頼りがいがあるな）

この会話のように、実際には古い営業車が多いにもかかわらず、営業車の使用年数の平均は比較的小さくなってしまうという場合があります。ビジネスの現場では、顧客あるいは自社の上層部に数字を使って説明することがよくありますが、平均だけではアピールが足りないときもあります。ここでは、平均以外の切り口として中央値を求めてみましょう。

2.1 中央値が何かを知る

ビジネスの現場における統計量として、平均以外にも、**最大値**や**最小値**、**中央値**もよく用いられます。最大値はデータのなかのもっとも大きな値で、最小値はもっとも小さな値であると、すぐに理解できると思います。中央値とは文字どおり、データの「真ん中」にある値という意味で、データを小さい順（または大きい順）に並べたときに、ちょうど真ん中にくる値です。平均との違いで理解しておくべきことは、中央値は平均に比べて、「外れ値（ほかのデータとは大きく異なる値）の影響を受けにくい」という点です。

たとえば、ある事業部の3か月の売上が40億円、50億円、60億円だったとすると、この3か月の売上の平均は50億円、中央値も50億円です。4か月目も通常どおり50億円でしたが、5か月目は、事業環境が一時的に悪く、5億円の売上になったとしましょう。この場合、5か月の平均は41億円（(40 + 50 + 60 + 50 + 5) ÷ 5 = 41）となります。一方、中央値は50億円です（売上金額の小さい順に並べて5、40、50、50、60の3番目の値）。ここで注意すべきは、どちらの値が正しいかではありません。ただ、一時的に売上が悪かった5億円の影響を受けた平均のみに着目すると、この事業部の売上を過小評価してしまう可能性があるということです。

なお、データの個数が偶数個の場合は、真ん中にくる値が2つになるので、2つの値の平均をとります。以下、実際に求めてみましょう。

2.2 中央値を求める

ある営業所が 16 台の営業車を所有しているとします。表 2.1 に、これらの営業車の使用年数を示します。

表 2.1 営業車の使用年数

営業車番号	使用年数（年）
1	11
2	1
3	10
4	12
5	2
6	3
7	10
8	11
9	2
10	1
11	12
12	2
13	11
14	12
15	8
16	11

2.2.1 Excel を起動してファイルを開く

①学習用ファイル「第 2 章 .xlsx」を開きます。

②中央値との違いを見るために、セル C21 に AVERAGE 関数を使って「平均」を求めておきます。

	A	B	C	D
1				
2		●営業車の使用年数		
3		営業車番号	使用年数（年）	
4		1	11	
5		2	1	
6		3	10	
7		4	12	
8		5	2	
9		6	3	
10		7	10	
11		8	11	
12		9	2	
13		10	1	
14		11	12	
15		12	2	
16		13	11	
17		14	12	
18		15	8	
19		16	11	
20				
21		平均値	7.4375	
22		中央値		
23		最頻値		

セル C21 の数式バー: =AVERAGE(C4:C19)

メモ 平均の計算結果「7.4375」は、Excel の機能を使って整数値「7」と表示させます。セル C21 を選択し、［ホーム］タブの［数値］グループにある［小数点以下の表示桁数を減らす］を 4 回クリックします。左隣の［小数点以下の表示桁数を増やす］をクリックすることで、増やすこともできます。

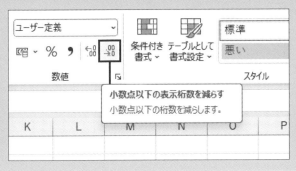

続けて、2.2.2 で中央値を求めます。

2・2 中央値を求める

● **2.2.2 中央値を求める**

①セル C22 をクリックします。

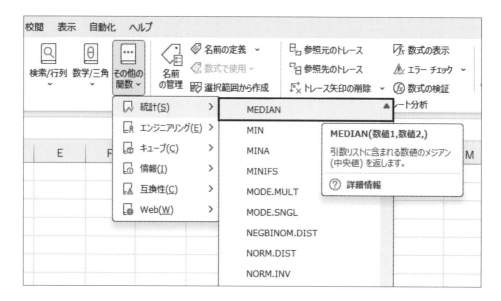

②［数式］タブの［関数ライブラリ］グループにある［その他の関数］をクリックして、［統計］から［**MEDIAN**］（メジアン関数：指定した範囲や数値の中央値を求める関数）を選択します。

③［関数の引数］ダイアログボックスが表示されたら、「数値1」の欄に使用年数のデータ範囲 C4：C19 を指定して、［OK］ボタンをクリックします。

［数式バー］に「=MEDIAN（C4:C19）」が表示されていることを確認しましょう。

④セル C22 に、使用年数の中央値「10」（年）が求められました。このように中央値は、「=MEDIAN（セル範囲）」で求めることができます。

この例では、新しい車も多いため、営業車の使用年数の平均は7年となりましたが、中央値は10年という結果になりました。このように、中央値を示したほうが使用年数が長く、古い営業車が多いことをアピールできます。

2.3 平均と中央値の違い

ここで、中央値を求めることの重要性を理解するため、平均が必ずしも実態を表していないとされる典型的な例を示します。次の図は、総務省統計局が発表したある年の家計調査のデータです。二人以上の世帯の貯蓄額の分布を示しています。

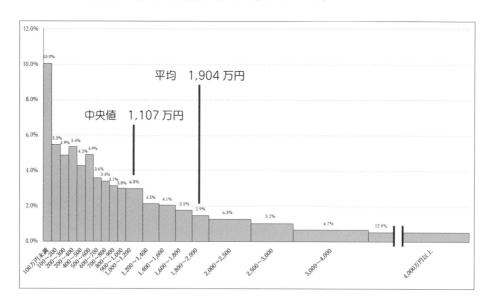

この調査の結果、二人以上の世帯の貯蓄額の平均は1,904万円と2,000万円近くになっています。これを聞くと「みんな、そんなに貯金があるのか」とイメージしてしまいますが、中央値は1,107万円と大きな開きがあります。これは、4,000万円以上の貯蓄額の世帯のなかに、非常に大きな貯蓄額を持つ世帯が少数含まれており、そのような値に平均が影響を受けてしまうためです。一方で、貯蓄額が100万円未満の世帯も10.0%となっており、ほかの貯蓄額と比べて割合が大きいことがわかります。このように平均のみでは、各世帯の貯蓄額の実態を正確に把握することが難しいといえるでしょう。

2.4 まとめ

第2章では、データの真ん中の値である中央値という統計量について学習しました。Excelでは、中央値はMEDIAN関数を使って求めます。

今回の営業車のケースでは新しい車もあるため、使用年数の平均が7年となり、平均のみを示すと古い車が多いと強くアピールできないかもしれません。しかし、実際には10年以上使用している車が営業車全体の半数を超えているため、中央値を求めれば10年という結果が得られて、アピールの材料が増えるでしょう。

平均も中央値も統計量としての定義が違うだけで、どちらが正しい値とはいえません。た

だ今回のような場合には、会社の上層部にアピールするためのデータとして平均のみを用いるのではなく、中央値も示したほうがよいといえるのではないでしょうか。

章末問題

知識問題

1. 中央値について、次のなかから**正しいもの**を1つ選んでください。
   (1) 中央値は、最大値と最小値を平均した値である。
   (2) 中央値は、総和を個数で割った値である。
   (3) 中央値は、データを小さい順（または大きい順）に並べたときの真ん中の値である。
   (4) 中央値は、最大値を2で割った値である。

2. 中央値について、次のなかから**誤っているもの**を1つ選んでください。
   (1) 中央値は外れ値の影響を受けにくい。
   (2) ビジネスでは常に平均よりも中央値を用いる。
   (3) 中央値も統計量のひとつである。
   (4) データの個数が偶数個の場合、中央値は真ん中の2つの値の平均をとる。

3. 中央値について、次のなかから**正しいもの**を1つ選んでください。
   (1) 中央値は必ず整数になる。
   (2) 中央値は個数が多いと計算できない。
   (3) 中央値は必ず平均よりも大きくなる。
   (4) 中央値はMEDIAN関数を用いて求めることができる。

操作問題

1. データ（第2章_章末問題.xlsxの「操作問題①」シート）を使用して、部品A～Gの単価の中央値を求めてください。

2. データ（第2章_章末問題.xlsxの「操作問題②」シート）を使用して、10人の学生のテストの点数の中央値を求めてください。小数第1位で四捨五入して、整数値を求めてください。

3. データ（第2章_章末問題.xlsxの「操作問題③」シート）を使用して、あるマンションの住人の貯蓄額の中央値を求めてください。

第3章 最頻値

- 最頻値の意味を説明できる。
- Excelの「MODE.SNGL」関数を使って、データの最頻値を計算できる。
- 最頻値がビジネスにおいて何の役に立つかを理解できる。

 さっきは、営業車の使用年数の中央値を出してくれてありがとう。ただ、古い営業車が多いことをアピールするためにほかにできることはないかな？

 使用年数を頻度という観点で考えてみましょうか？ 頻度を使用年数に置き換えて、もっとも頻度が高い値である最頻値を求めてみます。使用年数の最頻値を確認すれば、古い営業車の割合が多いことをさらにアピールできるかもしれません。

 さっそく最頻値も算出してみてくれ。

わかりました。

 頼んだぞ。（あいつ、最近よくやるな！）

この会話のように、ビジネスの現場においては、さまざまなデータを使って、顧客や会社の上層部へのアピールが求められます。最頻値がどんな場合にもアピールに使えるとは限りませんが、求めかたや数値の特徴を知っていれば、それだけ選択肢が増えることになります。ここでは、第2章と同様に営業車の使用年数について、平均、中央値以外の切り口として最頻値を求めてみましょう。

3.1　最頻値が何かを知る

　データを大きい順に並べた際、同じ値のデータが複数あることは珍しくありません。このとき、もっとも個数の多いデータが**最頻値**です。最頻値とは、もっとも頻繁に現れる値を意味しています。また、最頻値は**モード**とも呼ばれており、Excel では **MODE.SNGL 関数**（モード・シングル関数：データの最頻値を求める関数）を使用します。なお、このテキストで解説する最頻値は Excel の MODE.SNGL 関数を使用して求める値を指します。

　MODE.SNGL 関数では、出現する順番が一番早い値を最頻値として返します。たとえば、3、5、3、4、5、2 という 6 つの値が得られたとして、「3」と「5」が 2 回ずつ出現するため、一番多く現れる数字が 2 つ存在します。しかし、より早く出現する数字は「3」のため、このデータの最頻値は「3」になります。なお、データのなかに 2 回以上出現する値が存在しない場合は、計算結果にエラー値の「**#N/A**」（該当なし：数式で参照する対象がない）が表示されます。

　最頻値の特徴を理解するため、6 人で構成されている部署の 1 か月の 1 人あたりの出張回数（表 3.1）を例に考えてみます。

表 3.1　社員の出張回数

氏名	A さん	B さん	C さん	D さん	E さん	F さん	部署合計
出張回数	0 回	6 回	0 回	0 回	0 回	0 回	6 回

　この部署の 1 人あたりの平均出張回数は、部署合計の「6」を人数で割った「1」です。しかし、最頻値はもっとも多く出現している「0」です。平均出張回数が「1」であることから、ほぼ全員が出張しているようにも思えますが、最頻値を求めれば、実際には多くの人が出張していないことがわかります。平均は外れ値の影響を受けやすいですが、最頻値は外れ値の影響を受けにくく、対象とするデータの傾向を確認できることが特徴のひとつです。

3.2 最頻値を求める

学習用ファイル「第3章.xlsx」を使って、最頻値を求めていきます。

①学習用ファイル「第3章.xlsx」を開きます。最頻値を表示するセルC23を選択します。

	A	B	C	D
1				
2		●営業車の使用年数		
3		営業車番号	使用年数（年）	
4		1	11	
5		2	1	
6		3	10	
7		4	12	
8		5	2	
9		6	3	
10		7	10	
11		8	11	
12		9	2	
13		10	1	
14		11	12	
15		12	2	
16		13	11	
17		14	12	
18		15	8	
19		16	11	
20				
21		平均値	7	
22		中央値	10	
23		最頻値		
24				

②［数式］タブの［関数ライブラリ］グループにある［その他の関数］をクリックして、［統計］から［MODE.SNGL］を選択します。

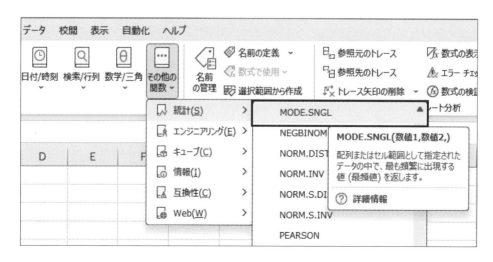

③［関数の引数］ダイアログボックスが表示されたら、「数値1」の欄に使用年数のセル範囲 C4：C19 を指定して、［OK］ボタンをクリックします。
［数式バー］に「=MODE.SNGL(C4:C19)」と表示されていることを確認しましょう。

④セル C23 に、使用年数の最頻値「11」（年）が求められました。このように最頻値は以下の式で求めることができます。

$$= MODE.SNGL（セル範囲）$$

	A	B	C	D	E	F
1						
2		●営業車の使用年数				
3		営業車番号	使用年数（年）			
4		1	11			
5		2	1			
6		3	10			
7		4	12			
8		5	2			
9		6	3			
10		7	10			
11		8	11			
12		9	2			
13		10	1			
14		11	12			
15		12	2			
16		13	11			
17		14	12			
18		15	8			
19		16	11			
20						
21		平均値	7			
22		中央値	10			
23		最頻値	11			
24						

C23 =MODE.SNGL(C4:C19)

　今回、営業車の使用年数の最頻値は11年であり、現在ある営業車のなかで使用年数が11年の車が一番多いことを示しています。平均値は7年、中央値は10年ですが、最頻値を用いれば、さらに使用年数が経過した古い営業車が多いことを示せます（このケースでは最頻値が平均値や中央値よりも大きい値になりましたが、最頻値のほうが小さい値になることもあります）。

3.3　まとめ

　第3章では、もっとも頻繁に出現する値である最頻値の求めかたについて説明しました。最頻値はモード（MODE）とも呼ばれており、ExcelではMODE.SNGL関数を使って値を求めます。また、頻繁に出現する値が2つ以上存在するときは、一番順番が早い値を最頻値として採用します。

　ビジネスの現場のデータ活用においては、営業車の事例や第2章の貯蓄額の世帯分布で示したように、平均のみでは十分でない場合が想定されます。データが多くなると、手で計算するのは面倒ですが、Excelを用いれば中央値や最頻値など多様なデータを計算し、ビジネスの現場で活用できるようになります。

章末問題

知識問題

1. 最頻値について、次のなかから**正しいもの**を1つ選んでください。
   (1) 最頻値は、出現回数がもっとも多い値である。
   (2) 最頻値は、外れ値の影響を受けやすい。
   (3) 最頻値は、MEDIAN 関数で求めることができる。
   (4) 最頻値は、最大値から最小値を引いた値である。

2. 最頻値について、次のなかから**誤っているもの**を1つ選んでください。
   (1) 最頻値が平均よりも大きな値になることもある。
   (2) 最頻値は、常に中央値と同じ値になる。
   (3) データのなかに2回以上出現する値がない場合、Excel 関数を使って最頻値を求めることはできない。
   (4) 出現回数がもっとも多い値が複数存在する場合、Excel 関数は一番順番が早い値を最頻値として出力する。

3. 最頻値について、次のなかから**正しいもの**を1つ選んでください。
   (1) 最頻値は、出現回数が一番少ない値である。
   (2) 最頻値は必ず整数になる。
   (3) 最頻値は、MODE.SNGL 関数で求めることができる。
   (4) 最頻値は、必ず中央値よりも大きい値になる。

操作問題

1. データ（第3章_章末問題.xlsx の「操作問題①」シート）を使用して、ある観光地のレストラン（11店舗）のメニュー数の最頻値を求めてください。

2. データ（第3章_章末問題.xlsx の「操作問題②」シート）を使用して、あるフランチャイズに加盟する各店舗の従業員数の最頻値を求めてください。

3. データ（第3章_章末問題.xlsx の「操作問題③」シート）を使用して、ある地域の世帯人数の最頻値を求めてください。

第4章 レンジ

- レンジの意味を説明できる。
- 与えられたデータからレンジを求めることができる。
- Excelの操作でレンジを求めることができる。

最近、不良品に関するクレームが多すぎます。人手があまりにも足りないので、来月は他部署から応援を呼ぶことはできないでしょうか？

でも、先月は比較的余裕があったよね。来月はクレーム件数が減ったりしないかな？

たしかに、多くなると断言はできませんね。忙しいのは今だけかもしれませんし。

クレーム件数の多い月と少ない月の振れ幅はどうなっているだろう。1年間でどのように変化しているかわかるかな？

4月と5月は毎年忙しいですね。でも、クレーム件数が年間をとおしてどのように変化しているか調べたことはありませんでした。

それなら、レンジを使って年間のクレーム件数の振れ幅を調べてみよう。去年のデータはすぐにわかるかな？

はい、調べてみます。

この会話のようにビジネスの現場においては、事前に顧客数、受注数などの**振れ幅**を把握して、対応策の検討を求められることがあります。Excel を用いて、振れ幅を求める方法を学びましょう。

4.1　レンジが何かを知る

レンジ（range）とは**範囲**、振れ幅という意味です。その名のとおり、データが分布している範囲です。レンジはデータの最大値から最小値を引いて求めることができます。

レンジ＝最大値－最小値

レンジは、データが分布している範囲の大きさを表す値です。たとえば、表 4.1 のデータが得られたとします。これはある会社のコールセンターへのクレーム件数を月ごとに示したものです。このデータのレンジを求めるには、データの大きさをわかりやすくするために、右の表のように、クレーム件数を大きい順に並べ替えます。

表 4.1　各月のクレーム件数

月	クレーム件数		月	クレーム件数
1月	30		5月	100
2月	20		4月	90
3月	40		8月	70
4月	90		6月	60
5月	100		3月	40
6月	60		1月	30
7月	20		10月	30
8月	70		2月	20
9月	20		7月	20
10月	30		9月	20
11月	10		12月	20
12月	20		11月	10

右の表からわかるとおり、最大値は 5 月の「100」、最小値は 11 月の「10」です。つまり、このデータのレンジは以下の式で「90」と求めることができます。

100（最大値）－ 10（最小値）＝ 90（レンジ）

レンジを求めることで、データがどのような範囲で広がっているかが明らかになります。この会社のクレーム件数は、1 年の間に 90 件の幅のなかで推移していることがわかります。毎月のクレーム数の振れ幅を確認し、会社としてもクレーム対応に何人補充すべきかといった対策を考えることができます。

4.2 レンジを求める

Excel を使ってレンジを求めてみましょう。表 4.2 はある部品の月ごとの受注数を表しています。この受注数のデータがどれぐらいの範囲で変動するのかを確認するためにレンジを求めます。

表 4.2　各月の受注数

月	受注数
1月	340
2月	400
3月	560
4月	550
5月	480
6月	320
7月	610
8月	590
9月	380
10月	620
11月	650
12月	550

①学習用ファイル「第 4 章 .xlsx」を開きます。

②最大値を求めるには **MAX 関数**（マックス関数：指定したセル範囲や数値の最大値を求める関数）、最小値を求めるには **MIN 関数**（ミニマム関数：指定したセル範囲や数値の最小値を求める関数）を用います。

③最大値を表示するセル E11 を選択します。［ホーム］タブの［編集］グループにある［Σ オート SUM］ボタンの∨をクリックして、表示された一覧から［最大値］をクリックします。

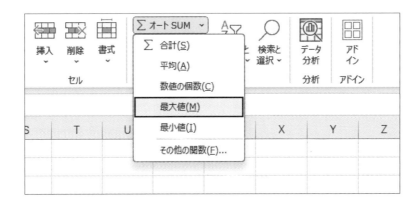

④セル E11 に「=MAX(B11:D11)」が表示されます。

⑤セル範囲 B2：B13 をドラッグして選択しなおし、[Enter] キーを押します。セル E11 に最大値「650」が求められました。

> **メモ** Excel には、上または左の隣接するセルにデータがある場合、計算する範囲（引数）を自動的に認識する機能があります。便利な機能ですが、念のため、関数を挿入したセルの数式を見て計算する範囲を確認するとよいでしょう。

⑥同様に最小値も求めていきます。最小値を表示するセルE12を選択します。

	A	B	C	D	E	F	G
1	月	受注数					
2	1月	340					
3	2月	400					
4	3月	560					
5	4月	550					
6	5月	480					
7	6月	320					
8	7月	610					
9	8月	590					
10	9月	380					
11	10月	620		最大値	650		
12	11月	650		最小値			
13	12月	550		範囲			
14							
15							

⑦③と同様に、[ホーム] タブの [編集] グループにある [Σオート SUM] ボタンの∨をクリックして、表示された一覧から [最小値] をクリックします。

⑧セルE12に「=MIN(E11)」が表示されたら、セル範囲B2：B13をドラッグして選択しなおし、[Enter] キーを押します。セルE12に最小値「320」が求められます。

	A	B	C	D	E	F	G
	| E12 ∨ : × ✓ fx		=MIN(B2:B13)				
1	月	受注数					
2	1月	340					
3	2月	400					
4	3月	560					
5	4月	550					
6	5月	480					
7	6月	320					
8	7月	610					
9	8月	590					
10	9月	380					
11	10月	620		最大値	650		
12	11月	650		最小値	320		
13	12月	550		範囲			
14							
15							

⑨範囲（レンジ）を求めます。レンジは、「＝最大値－最小値」ですので、セル E13 には、自分で数式を作成します。範囲を表示するセル E13 を選択します。

	A	B	C	D	E	F	G
	E13 ∨ : × ✓ fx						
1	月	受注数					
2	1月	340					
3	2月	400					
4	3月	560					
5	4月	550					
6	5月	480					
7	6月	320					
8	7月	610					
9	8月	590					
10	9月	380					
11	10月	620		最大値	650		
12	11月	650		最小値	320		
13	12月	550		範囲			
14							
15							

⑩セル E13 に「=E11-E12」と入力して、[Enter] キーを押します。
セル E13 を選択し、「=」（イコール）を入力したあと、セル E11 をクリックして選択し、「-」（マイナス）を入力したら、セル E12 をクリックして、[Enter] キーを押しても同じ結果が得られます。

| E12 | =E11-E12 |

	A	B	C	D	E	F	G
1	月	受注数					
2	1月	340					
3	2月	400					
4	3月	560					
5	4月	550					
6	5月	480					
7	6月	320					
8	7月	610					
9	8月	590					
10	9月	380					
11	10月	620		最大値	650		
12	11月	650		最小値	320		
13	12月	550		範囲	=E11-E12		

⑪セル E13 には「330」が表示されます。これで最大値、最小値、範囲がすべて求められました。この「330」という値から、この会社の受注数は、年間 330 件の幅で変動があることがわかります。

| E13 | =E11-E12 |

	A	B	C	D	E	F	G
1	月	受注数					
2	1月	340					
3	2月	400					
4	3月	560					
5	4月	550					
6	5月	480					
7	6月	320					
8	7月	610					
9	8月	590					
10	9月	380					
11	10月	620		最大値	650		
12	11月	650		最小値	320		
13	12月	550		範囲	330		

> **メモ** 4.2 では、レンジを求める際に、MAX 関数と MIN 関数を使用しました。MAX 関数や MIN 関数を挿入するには、本章で解説した方法以外にも第 1 章（1.2.4）で示した方法も利用できます。

4.3 まとめ

第 4 章では、データが分布している範囲を表す「レンジ」という統計量について説明しました。レンジはデータの最大値と最小値の差で、Excel の操作では、MAX 関数と MIN 関

数で最大値と最小値を出してからレンジを求めました。

レンジは、データ全体の範囲を確認することができます。ビジネスの現場において、さまざまなデータの範囲をあらかじめ把握して、対応策を検討することは重要です。

章末問題

知識問題

1. レンジについて、次のなかから**正しいもの**を1つ選んでください。
   (1) レンジを求めることで、データ全体の振れ幅を見ることができる。
   (2) レンジは、データの平均を表す統計量である。
   (3) レンジは、もっとも頻出するデータの値である。
   (4) レンジは、データの最大値と最小値の積で求めることができる。

2. レンジについて、次のなかから**誤っているもの**を1つ選んでください。
   (1) レンジとはデータが分布している範囲である。
   (2) レンジは、外れ値の影響をうけやすい。
   (3) レンジは、データの最大値と最小値の差で求めることができる。
   (4) 平均が大きいほど、レンジも必ず大きな値となる。

3. レンジについて、次のなかから**正しいもの**を1つ選んでください。
   (1) レンジは、頻度がいちばん大きい値から頻度がいちばん小さい値を引いた値である。
   (2) 最小値にレンジを足すと必ず最大値と等しくなる。
   (3) レンジは、最大値を最小値で割ることで求められる。
   (4) レンジは、必ず最大値と同じ値になる。

操作問題

1. データ（第4章_章末問題.xlsx の「操作問題①」シート）を使用して、ある店の1年間の来店者数のレンジを求めてください。

2. データ（第4章_章末問題.xlsx の「操作問題②」シート）は、ある交差点の1か月分の通行人数をまとめています。このデータのレンジを求め、正しい値を選んでください。
   (1) 1,486
   (2) 2,480
   (3) 2,270
   (4) 1,405

3. データ（第4章_章末問題.xlsx の「操作問題③」シート）を使用して、ある月の1か月間の最高気温のレンジを求めてください。

第5章 標準偏差

Goal
- 標準偏差の意味を説明できる。
- Excel関数を使ってデータの標準偏差を計算できる。
- 標準偏差がビジネスにおいて何の役に立つかを理解できる。

　新しいビジネスを始めたいなあ。何かいい案はないか？

　他社で1か月の売上が平均1,000万円と想定されるビジネスがあります。

　それは悪くないかもしれないが、リスクも高いんじゃないか？月々の売上はどうなっている？

　月ごとの売上は大きく変動していて、500万円の月もあるようです。

　売上に相当ばらつきがありそうだな。こういう場合は、標準偏差を使うと判断しやすいんだ。

　標準偏差とは何ですか？

　月々の売上が、平均からどれくらいばらついているかを示す値だ。その値が大きいほど、ばらつきの度合いが大きいことを意味している。そのビジネスの標準偏差を出してみてくれ。

　さっそく計算してみます。

　頼んだぞ！

この会話のように、売上の平均が魅力的でも、ばらつきが大きくてビジネス上のリスク（不確実性）が高くないか検討することは経営判断として重要です。第5章では、データのばらつきの大きさを求める方法を学びましょう。

5.1　標準偏差が何かを知る

たとえば、翌月に商品をどれくらい発注すればよいかを決めるとき、先月までの売上の平均だけでなく、売上のばらつきもひとつの判断材料になります。売上のばらつきは**標準偏差**という統計量を用いて判断することができます。

Excel には、得られたデータから標準偏差を計算する関数が用意されています。しかし、標準偏差が何を意味しているのかを理解するために、まず「標準偏差の関数を使用しない方法」を取りあげ、次に標準偏差を簡単に計算できる「Excel 関数を使用する方法」を紹介します。

表 5.1 は、標準偏差の計算に用いる**偏差**と**分散**についての簡単な説明です。

表 5.1　偏差と分散

偏差	それぞれのデータとデータ全体の平均との差
分散	偏差の 2 乗の平均
標準偏差	分散の正の平方根

それぞれ一見すると難しい言葉ですが、計算自体は単純です。表 5.2 に示したある商品の月ごとの売上高をもとに、標準偏差を計算してみましょう。

表 5.2　月別売上高

月	売上高（万円）
1 月	1,200
2 月	1,600
3 月	800
4 月	500
5 月	1,300
6 月	900
7 月	1,200
8 月	700
9 月	800
10 月	1,400
11 月	1,300
12 月	600

5.2　標準偏差を求める

● 5.2.1　標準偏差の関数を使用しない方法

　標準偏差を直接計算する関数もありますが、その関数を使用しなくても標準偏差は求められます。標準偏差の意味を具体的に理解するため、表5.1の定義に従って、まずは「偏差」と「分散」を計算してから標準偏差を求める方法を説明します。

①学習用ファイル「第5章.xlsx」を開き、「第5章①」シートを表示します。

②セルB16を選択して、売上高の平均を求めます。

③[ホーム]タブの[編集]グループにある[Σオート SUM]ボタンの∨をクリックして、一覧から[平均]を選択します。

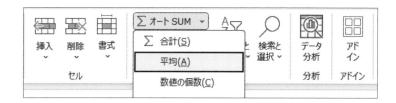

④セル範囲B3：B14をドラッグして選択しなおし、[Enter]キーを押して売上高の平均を表示します。

	A	B	C
1	売上高データ（万円）		
2	月	売上高	売上高と平均売上高の差（偏差）
3	1月	1200	
4	2月	1600	
5	3月	800	
6	4月	500	
7	5月	1300	
8	6月	900	
9	7月	1200	
10	8月	700	
11	9月	800	
12	10月	1400	
13	11月	1300	
14	12月	600	
15			
16	売上高の平均	1025	
17	分散		
18	標準偏差		

（B16: =AVERAGE(B3:B14)）

⑤次に各月の売上高から、売上高の平均を引いた値を求めます。

⑥セル C3 を選択し、「=B3-B$16」と入力して [Enter] キーを押します。列番号を示すアルファベットと行番号を示す数字の間に「$」が入っていますが、これはセルを複合参照するため、セル番地の列または行のどちらか一方を固定して参照する方法です。固定する列または行番号の前に「$」を付けます。

⑦セル C3 を選択し、セル右下の■（フィルハンドル）をダブルクリックまたはドラッグしてオートフィルを実行すると、セル C14 まで数式をコピーできます。これで各月の「売上高と平均売上高の差」が求められました。この値を「偏差」といいます。最終的に求める標準偏差ではないことに注意してください。

	A	B	C	D
1	売上高データ（万円）			
2	月	売上高	売上高と平均売上高の差（偏差）	偏差の2乗
3	1月	1200	175	
4	2月	1600	575	
5	3月	800	-225	
6	4月	500	-525	
7	5月	1300	275	
8	6月	900	-125	
9	7月	1200	175	
10	8月	700	-325	
11	9月	800	-225	
12	10月	1400	375	
13	11月	1300	275	
14	12月	600	-425	
15				
16	売上高の平均	1025		
17	分散			
18	標準偏差			
19				

⑧次に「売上高と平均売上高の差」の2乗、つまり「偏差の2乗」を求めます。偏差は合計すると必ず 0 になってしまい、ばらつきの程度をうまく計算できないため、偏差を2乗した値の平均を求めます。セル D3 を選択し、「=C3^2」と入力します。[Enter] キーを押して、1月の「偏差の2乗」を求めます。

⑨セル D3 を選択し、オートフィルでセル D14 まで数式をコピーして、各月の「偏差の2乗」を求めます。

	A	B	C	D
	D3		fx =C3^2	

	A	B	C	D
1	売上高データ（万円）			
2	月	売上高	売上高と平均売上高の差（偏差）	偏差の2乗
3	1月	1200	175	30625
4	2月	1600	575	330625
5	3月	800	-225	50625
6	4月	500	-525	275625
7	5月	1300	275	75625
8	6月	900	-125	15625
9	7月	1200	175	30625
10	8月	700	-325	105625
11	9月	800	-225	50625
12	10月	1400	375	140625
13	11月	1300	275	75625
14	12月	600	-425	180625
15				
16	売上高の平均	1025		
17	分散			
18	標準偏差			

⑩セル B17 に「分散」を求めます。「分散」は月ごとの「偏差の2乗」を平均します。AVERAGE 関数を挿入し、計算する範囲をセル範囲 D3：D14 に選択しなおします。セル B17 の値は、[小数点以下の表示桁数を減らす] をクリックし、整数値で表示させます。

	A	B	C	D
	B17		fx =AVERAGE(D3:D14)	

	A	B	C	D
1	売上高データ（万円）			
2	月	売上高	売上高と平均売上高の差（偏差）	偏差の2乗
3	1月	1200	175	30625
4	2月	1600	575	330625
5	3月	800	-225	50625
6	4月	500	-525	275625
7	5月	1300	275	75625
8	6月	900	-125	15625
9	7月	1200	175	30625
10	8月	700	-325	105625
11	9月	800	-225	50625
12	10月	1400	375	140625
13	11月	1300	275	75625
14	12月	600	-425	180625
15				
16	売上高の平均	1025		
17	分散	113542		
18	標準偏差			

分散の値で、月ごとの売上高のばらつきを知ることもできます。しかし、分散には単位がありません。「各売上高と平均の差を2乗した値の平均」であり、元のデータと値のスケールが大きく異なることが多いため、どれくらいばらつきがあるかの判断が難しくなります。ばらつきの判断がしやすいように、分散を元のデータと比較しやすい値に変換したものが「標準偏差」です。標準偏差は分散の平方根によって求められます。分散は偏差を2乗した値の平均なので、2乗と逆の計算をすることでばらつきが理解しやすくなります。それでは操作に戻ります。

⑪セルB18を選択し、［数式］タブの［関数ライブラリ］グループにある［数学/三角］から、**SQRT**（スクエア・ルート：数値の平方根を返す関数）をクリックします。

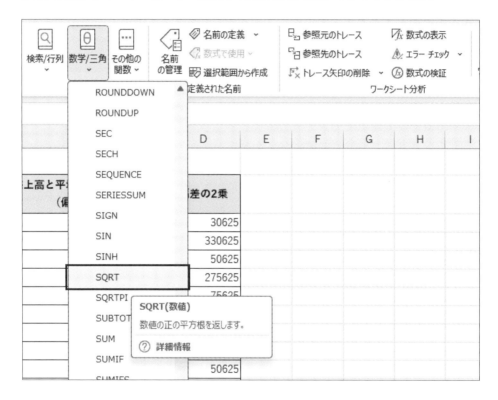

⑫［関数の引数］ダイアログボックスが表示されたら、「数値」にセルB17を指定し、［OK］ボタンをクリックします。セルB18の値も整数値で表示させます。「337」が標準偏差です。

	A	B	C	D
1	売上高データ（万円）			
2	月	売上高	売上高と平均売上高の差（偏差）	偏差の2乗
3	1月	1200	175	30625
4	2月	1600	575	330625
5	3月	800	-225	50625
6	4月	500	-525	275625
7	5月	1300	275	75625
8	6月	900	-125	15625
9	7月	1200	175	30625
10	8月	700	-325	105625
11	9月	800	-225	50625
12	10月	1400	375	140625
13	11月	1300	275	75625
14	12月	600	-425	180625
15				
16	売上高の平均	1025		
17	分散	113542		
18	標準偏差	337		
19				

B18 =SQRT(B17)

この例では、標準偏差の値から、12か月間のばらつきの度合いが「337万円」という解釈になります。

● 5.2.2 Excel関数を使用する方法

5.2.1では、標準偏差を「関数を使用しない方法」で求めましたが、この方法は少し手間がかかります。その点、Excel関数を用いれば、簡単に標準偏差を計算することができます。標準偏差がどのようなものか理解できたら、Excel関数を使って計算してみましょう。

標準偏差を求める関数には、以下の2種類があります。

- **STDEV.P関数**（スタンダード・ディビエーション・ポピュレーション）
  データを母集団とみなして標準偏差を返す関数
- **STDEV.S関数**（スタンダード・ディビエーション・サンプル）
  データをサンプルと考え、そのデータから標準偏差の推定値を返す関数

データを母集団とみなすかサンプルとみなすかによって関数を使い分けるとよいでしょう。「母集団」とは、統計量を求めたい集団全体のことです。反対に、「サンプル」は母集団から一部を抽出して集められたデータのことです。

たとえば、日本人全員に関する統計量（平均身長や平均収入など）を知りたいと思っても、母集団は全国民となり、データを集めることは極めて困難です。そのため、日本人の一部のサンプルから統計量を求めて母集団の情報を推定することになります。このようなケー

スで使用するのが STDEV.S 関数です。

　一方で、ある中学校の男子生徒の平均身長であれば、全員のデータが容易に得られるので、母集団の平均を求めることができます。全データから標準偏差を求める場合は、STDEV.P 関数を使用します。

　この 2 種類の関数を使って標準偏差を求めましょう。

　①学習用ファイル「第 5 章 .xlsx」を開き、「第 5 章②」シートを表示します。

　②今回は STDEV.P 関数と STDEV.S 関数の 2 種類で標準偏差を求めます。

　③はじめに、STDEV.P 関数で標準偏差を求めるため、セル B16 を選択します。

　④［数式］タブの［関数ライブラリ］グループにある［その他の関数］をクリックします。［統計］から［STDEV.P］をクリックします。

　⑤［関数の引数］ダイアログボックスが表示されたら、セル範囲 B3：B14 をドラッグして選択しなおして、「数値 1」にセル範囲 B3：B14 を指定します。

⑥［OK］ボタンをクリックすると、セルB16に標準偏差「336.9594437」が表示されます。［ホーム］タブの［数値］グループにある［小数点以下の表示桁数を減らす］をクリックして、整数値「337」を表示します。

⑦次に、STDEV.S関数を使用して標準偏差を求めます。

⑧セルB17を選択して、［数式］タブの［関数ライブラリ］グループにある［その他の関

数] をクリックします。[統計] から [STDEV.S] をクリックします。

⑨ [関数の引数] ダイアログボックスが表示されたら、セル範囲 B3：B14 を選択して、「数値 1」にセル範囲 B3：B14 を指定します。

⑩ [OK] ボタンをクリックすると、セル B17 に標準偏差「351.9426606」が表示されます。[ホーム] タブの [数値] グループにある [小数点以下の表示桁数を減らす] をクリックして、整数値「352」を表示します。

標準偏差を求める関数として、STDEV.P 関数と STDEV.S 関数の 2 種類の使いかたを説明しました。これらの関数で結果の値が異なるのは、データの計算方法に違いがあるからです。STDEV.P 関数は、1 月から 12 月までの 12 か月のデータから 5.2.1 で示した手順のとおりに計算しています。一方、STDEV.S 関数は、1 月から 12 月までの 12 か月のデータをサンプルとみなして計算します。この場合、分散の求めかたが異なり、偏差の 2 乗値の合計を「サンプル数から 1 を引いた値」（この例では 11）で割り算して求めます。そのため、標準偏差の値は大きくなります。それぞれ出力される値が異なりますが、大きな差異がないため、ビジネスの現場で用いる場合には、どちらで計算しても大きな問題はありません。統計学における厳密な意義を確認したい場合には専門書籍を参照してください。

5.3　Excel の分析機能「基本統計量」

　第 1 部「ビジネスデータ把握力」編では、平均、中央値、最頻値、レンジ（範囲）、標準偏差の 5 つの統計量について学習しました。これらの統計量を別々に計算する場合は、第 1 章から第 5 章で学習した Excel の操作方法を用いるのがよいでしょう。それぞれの値の意義を一から理解するうえで有効な方法だと考えられます。

　しかし、すでに統計に詳しい方、あるいは第 5 章までよく理解できたという方のために、**「基本統計量」**を紹介します。Excel には、統計分析を行うためのツールが備わっており、基本統計量はそのなかのひとつです。

　「基本統計量」を用いると、第 1 部で紹介した統計量を含め、表 5.3 のように 16 種類の統計量を一度の操作で求めることができます。

表 5.3　基本統計量で求められる統計量の種類

①平均	②標準誤差	③中央値	④最頻値
⑤標準偏差	⑥分散	⑦尖度	⑧歪度
⑨範囲	⑩最小	⑪最大	⑫合計
⑬標本数	⑭最大値	⑮最小値	⑯信頼区間

（太字は章題にあるもの。下線は章内で解説した統計量）

　それでは、月ごとの商品の売上高を用いて、「基本統計量」を求めてみましょう。

● 5.3.1　分析ツールアドインを設定する

「基本統計量」を用いるためには、Excel に**「分析ツール」**というアドインを追加する必要があります。

① Excel を起動したら、［ファイル］タブをクリックして、左側のメニューの［オプション］をクリックします。

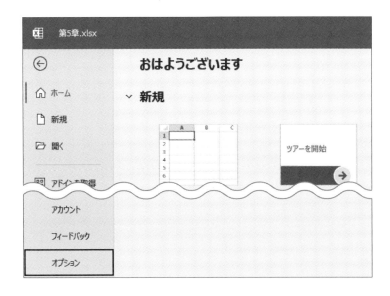

②［Excelのオプション］ダイアログボックスが表示されたら、左側のメニューの［アドイン］をクリックします。

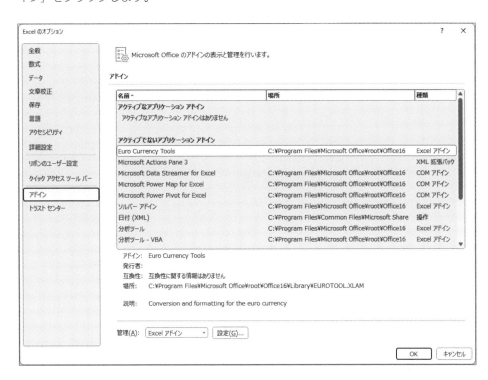

③ダイアログボックスの下部にある［管理］に［Excelアドイン］が表示されていることを確認したら、［設定］ボタンをクリックします。

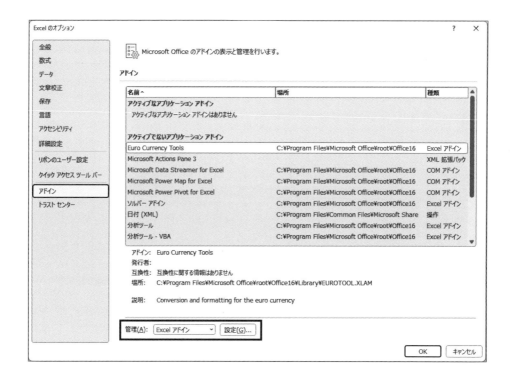

④ ［アドイン］ダイアログボックスが表示されたら、［分析ツール］にチェックを入れて［OK］ボタンをクリックします。

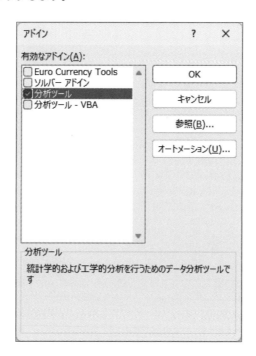

⑤ ［データ］タブを選択し、右端に［分析］グループが追加され、［データ分析］ボタンが表示されていれば、事前の準備は完了です。

● 5.3.2 基本統計量を使用する

①学習用ファイル「第5章.xlsx」を開き、「第5章③」シートを表示し、[データ] タブの [分析] グループにある [データ分析] をクリックします。

② [データ分析] ダイアログボックスが表示されたら、「基本統計量」を選択して [OK] ボタンをクリックします。

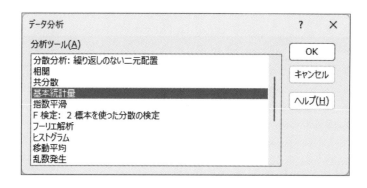

③［基本統計量］ダイアログボックスが表示されます。

④「入力範囲」にセル範囲 B3：B14 を指定します。

⑤「出力先」を選択して、セル D1 を指定します。

⑥「統計情報」「平均の信頼度の出力」「K 番目に大きな値」「K 番目に小さな値」にチェックを入れます。今回は、数字を既定の値のまま使用します。

⑦［OK］ボタンをクリックします。

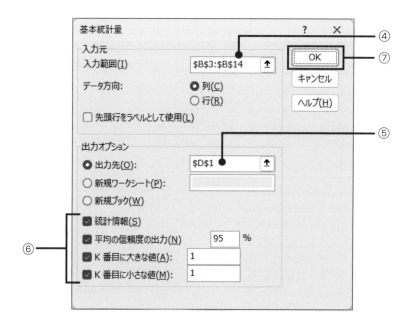

⑧表 5.3 で示した各統計量が、次の図のように表示されます。

	A	B	C	D	E	F
1	売上高データ（万円）			列1		
2	月	売上高				
3	1月	1200		平均	1025	
4	2月	1600		標準誤差	101.5970949	
5	3月	800		中央値（メジアン）	1050	
6	4月	500		最頻値（モード）	1200	
7	5月	1300		標準偏差	351.9426606	
8	6月	900		分散	123863.6364	
9	7月	1200		尖度	-1.285669556	
10	8月	700		歪度	0.036598956	
11	9月	800		範囲	1100	
12	10月	1400		最小	500	
13	11月	1300		最大	1600	
14	12月	600		合計	12300	
15				データの個数	12	
16				最大値(1)	1600	
17				最小値(1)	500	
18				信頼度(95.0%)(95.0%)	223.6136982	
19						

このように、「基本統計量」を用いることで 16 種類の統計量を簡単に計算できます。特に、求めたい統計量が複数ある場合は、ここで解説した方法を用いると便利です。

ちなみに、基本統計量で求めた標準偏差の値は「351.9426606」となっており、この値は 5.2.2 で解説した STDEV.S 関数で求めた標準偏差と同じ値です。基本統計量では、データをサンプルとみなして標準偏差が計算されている点を覚えておきましょう。

5.4 まとめ

第 5 章では、標本のばらつき度合いを表す「標準偏差」という統計量について、「Excel 関数を使用しない方法」と「Excel 関数を使用する方法」の 2 通りの操作方法を説明しました。Excel 関数を使用しない方法では、最初に平均から「偏差」を、次に偏差の 2 乗の平均である「分散」を求めて、最後に分散を平方根して「標準偏差」を求めるという手間のかかる方法を解説しました。Excel 関数を使用する方法では、STDEV.P 関数と STDEV.S 関数を使って計算する方法があることを説明しました。ビジネスの現場においては、商品の売上や発注、在庫管理などで、その数値のばらつきという重要な指標を求めるためにも有効です。

また、最後に分析ツールを用いる方法を説明しました。これを用いれば、第 1 章から第 5 章まで説明した統計量をまとめて求めることができます。

章末問題

知識問題

1. 標準偏差について、次のなかから**正しいもの**を1つ選んでください。
   (1) 標準偏差は、データの最大値と最小値との差を表す。
   (2) 標準偏差は、データのばらつきの度合いを表す。
   (3) 標準偏差は、データのサンプル数の総和を表す。
   (4) 標準偏差は、データの平均を表す。

2. 次のなかから**誤っているもの**を1つ選んでください。
   (1) 偏差の平均を求めると必ず0になる。
   (2) 標準偏差は分散の平方根をとることで求めることができる。
   (3) 偏差は各データとデータ全体の平均との差である。
   (4) 母集団とは、全体から抽出した一部のデータのことである。

3. 次のなかから**正しいもの**を1つ選んでください。
   (1) 標準偏差は分散を2乗した値である。
   (2) STDEV.S関数はデータを母集団とみなして標準偏差を返す関数である。
   (3) 分散は偏差の2乗の平均である。
   (4) 分析ツールの「基本統計量」で求められた標準偏差はSTDEV.P関数で求める標準偏差と等しい。

操作問題

1. データ（第5章_章末問題.xlsxの「操作問題①」シート）を使用して、あるラーメン店の来店者数の標準偏差を求め、**もっとも近い値**を選択してください。ただし、来店者数は母集団データとみなします。
   (1) 68
   (2) 70
   (3) 73
   (4) 79

2. データ（第5章_章末問題.xlsxの「操作問題②」シート）を使用して、ある店舗の従業員数の標準偏差を求め、**もっとも近い値**を選択してください。ただし、従業員数はサンプルデータとみなします。
   (1) 0.5
   (2) 2
   (3) 1.5
   (4) 1

3. データ（第5章_章末問題.xlsxの「操作問題③」シート）は、ある駅の1か月分の乗降者数をまとめています。分析ツールを用いて、標準偏差を求めてください。小数第1位で四捨五入して、整数値を求めてください。

2 ビジネス課題発見力 編

- 第 6 章　外れ値の検出
- 第 7 章　度数分布表
- 第 8 章　標準化
- 第 9 章　移動平均
- 第 10 章　季節調整

第6章 外れ値の検出

- 外れ値の意味を説明できる。
- 散布図において、近似曲線を使って外れ値を検出できる。
- 折れ線グラフに補助線を引き、外れ値を検出できる。

 最近、納品先から不良品が多いと苦情が多くて困っています。

具体的には、どのようなことかな？

 先月、規格の重さから大きく外れた部品が工場で多く生産されたのですが、不良品として選別できず、納品してしまいました。

不良品は異質な値のようなものだ。たとえば、重さ100グラムの部品の規格では重さの許容誤差は1%、つまり99〜101グラムまでは納品先に納品してもよいことになっている。もし105グラムの部品がつくられたら、どうするかな？

 すぐに処分します。

そうだね。このように定められた範囲から外れていて対象データとして扱わない値のことを統計学では外れ値と呼んでいる。だから、担当する検品のなかで99〜101グラム以外の部品がつくられたら、作業員に知らせるようにしたらよいかもしれないね。

 わかりました。ありがとうございます。

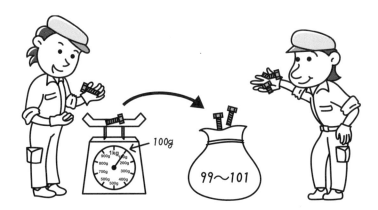

この会話のように、想定される範囲から大きく外れた値（外れ値）は、不良品の検査などで活用されます。また外れ値がデータに含まれると、データを正しく解釈できない可能性が高くなるので事前に検出し、必要に応じて取り除く必要があります。

6.1 外れ値が何かを知る

統計学では、散布図やヒストグラム（第7章参照）などを用いて、さまざまなデータを視覚化して分析することがよくあります。データをグラフ化すると、ほかのデータと比べて異常な値が見つかる場合があります。このような、想定された範囲から大きく外れた値のことを、**外れ値**と呼びます（図6.1）。外れ値が発生する理由には、データの入力ミス、測定されたデータが間違っている、重大な異常が隠れているなどが考えられます。

外れ値でもっとも問題になるのが、異常な値のデータを外れ値とみなして除外するか、データの一部として採用するのかという点です。このとき重要になるのが、外れ値にするかどうかの判断基準となる指標です。指標となる範囲を設けることで、その範囲内は正しい値で、範囲外は異常な値として除外するという判断が可能になります。

たとえば、あなたがリンゴを栽培する農家で、収穫したリンゴのうち、ほとんどが赤かったのに対し、一部は青みがかっていたとします。ほかとは異なるリンゴを出荷するか廃棄するかをどう判断するか、それを判断するために事前に指標となる範囲を設け、その指標の範囲外、すなわち、外れ値に該当するリンゴはすべて廃棄の対象とする、といったように活用します。

図6.1 外れ値の例

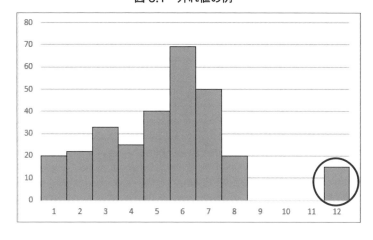

6.2 散布図を用いた外れ値の検出

散布図を用いて外れ値の検出を行います。散布図は、横軸（x軸）と縦軸（y軸）に設定された2組のデータを打点（プロット）した図です。図6.2の散布図を見てみましょう。

x（横軸）の値が増加するとy（縦軸）の値も増加して、データが右肩上がりに分布しており、一定の特性を持つデータであることがわかります。このような特性は正の相関といい、一方が増加すればもう一方も増加し、一方が減少すればもう一方も減少する関係です。

図 6.2 散布図の外れ値

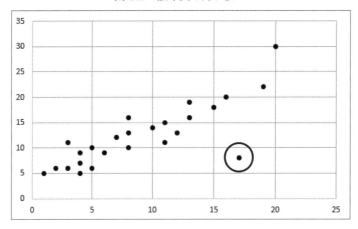

この図の円で囲んだデータに注目してください。視覚的に、このデータだけがほかとは異なるデータであることがうかがえます。例題をもとに散布図を作成してみましょう。

6.2.1 散布図を作成する

次の表 6.1 に示す 25 組のデータで散布図を作成します。

表 6.1 散布図データ

X	Y
1	5
2	6
3	6
3	11
4	5
4	7
4	9
5	6
5	10
6	9
7	12
8	10
8	13
8	16
10	14
11	11
11	15
12	13
13	16
13	19
15	18
16	20
17	8
19	22
20	30

①学習用ファイル「第6章.xlsx」を開き、「第6章①」シートを表示します。

②セル範囲A2：B26をドラッグして選択します。

	A	B
1	X	Y
2	1	5
3	2	6
4	3	6
5	3	11
6	4	5
7	4	7
8	4	9
9	5	6
10	5	10
11	6	9
12	7	12
13	8	10
14	8	13
15	8	16
16	10	14
17	11	11

③［挿入］タブの［グラフ］グループにある［散布図（X, Y）またはバブルチャートの挿入］をクリックします。［散布図］に分類されている左上のアイコン（散布図）をクリックします。

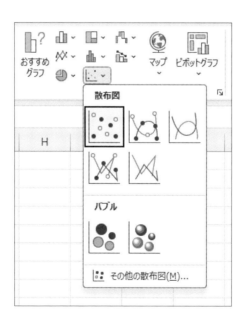

④図 6.2 と同じ散布図が挿入されます。

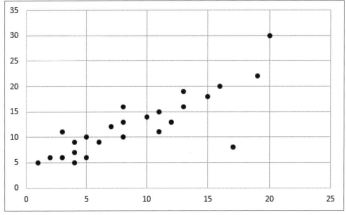

※グラフタイトルは削除しています。

● 6.2.2　近似曲線を挿入する

　作成した散布図は、図 6.2 と同じものなので、明らかにほかと異なるデータが存在しているはずです。このように、外れ値の可能性があるデータが見つかった際に有効なツールが**近似曲線**です。近似曲線は、全体のデータの傾向を見るための指標となる補助線の役目を果たします。散布図に近似曲線を挿入してみましょう。

①作成したグラフを選択します（選択する位置はどこでもかまいません）。

②グラフの右上に 3 つのアイコンが表示されたら、一番上の［グラフ要素］アイコン（［＋］マーク）をクリックします。

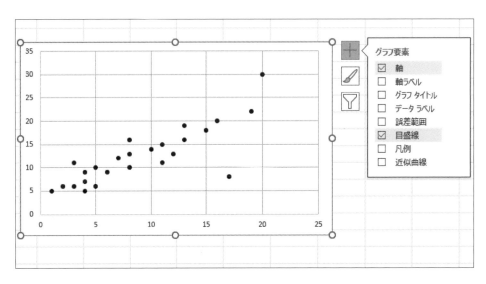

③展開されたメニューの［近似曲線］にチェックを入れます。

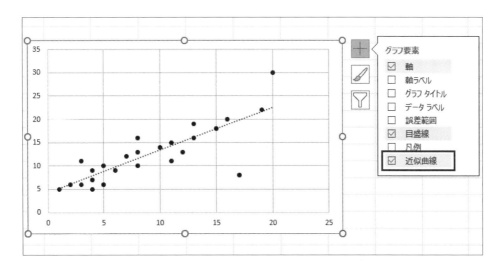

④散布図内に近似曲線が追加されます。

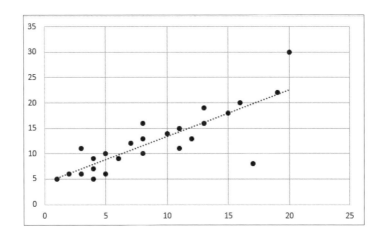

　これでデータのばらつきの様子が把握できます。近似曲線からy軸の値が10以上離れた値を外れ値と定義すると、右下の値は外れ値と判断できます。
　このように、外れ値を検出するにはデータ全体の傾向を調べることが重要です。その傾向を調べる手法のひとつが近似曲線です。基準となる指標を設けることで、ほかの値の傾向と異なる値を把握しやすくなり、外れ値の検出が容易になります。

6.3 折れ線グラフを用いた外れ値の検出

折れ線グラフにおける外れ値の検出を行います。折れ線グラフは、時系列でデータの傾向を示す際に便利なグラフです。ある会社の1年間の製品の月別受注数をまとめたデータ（表6.2）を例に説明します。

表 6.2　月別受注数

月	受注数
1月	50
2月	60
3月	55
4月	70
5月	82
6月	75
7月	20
8月	60
9月	80
10月	130
11月	77
12月	65

受注数が40を下回るデータと受注数が120を上回るデータを異常な値として別途報告書をまとめる場合、40～120までの範囲とそれ以外の値を分けて調べる必要があります。

次の図6.3は、年間の月別受注数の変化を折れ線グラフで視覚化したものです。この折れ線グラフに補助線を挿入して、範囲内のデータと範囲外のデータを視覚的に区別できるようにしていきます。

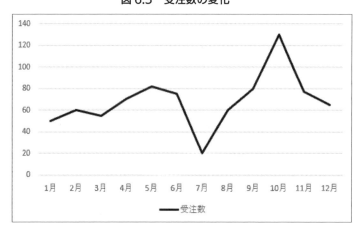

図 6.3　受注数の変化

● **6.3.1 折れ線グラフに補助線を挿入する**

表 6.2 のデータで補助線付きの折れ線グラフを作成します。

①学習用ファイル「第 6 章 .xlsx」を開き、「第 6 章②」シートを表示します。

	A	B	C	D	E	F
1	月	受注数	最低基準	最高基準		
2	1月	50				
3	2月	60				
4	3月	55				
5	4月	70				
6	5月	82				
7	6月	75				
8	7月	20				
9	8月	60				
10	9月	80				
11	10月	130				
12	11月	77				
13	12月	65				
14						

② 40 〜 120 の範囲を設定します。セル範囲 C2：C13 に最低基準となる値「40」を、セル範囲 D2：D13 に最高基準となる値「120」を次の図のように入力します。

	A	B	C	D	E	F
1	月	受注数	最低基準	最高基準		
2	1月	50	40	120		
3	2月	60	40	120		
4	3月	55	40	120		
5	4月	70	40	120		
6	5月	82	40	120		
7	6月	75	40	120		
8	7月	20	40	120		
9	8月	60	40	120		
10	9月	80	40	120		
11	10月	130	40	120		
12	11月	77	40	120		
13	12月	65	40	120		
14						

③セル範囲 A1：D13 を選択します。

	A	B	C	D	E	F
1	月	受注数	最低基準	最高基準		
2	1月	50	40	120		
3	2月	60	40	120		
4	3月	55	40	120		
5	4月	70	40	120		
6	5月	82	40	120		
7	6月	75	40	120		
8	7月	20	40	120		
9	8月	60	40	120		
10	9月	80	40	120		
11	10月	130	40	120		
12	11月	77	40	120		
13	12月	65	40	120		
14						

④［挿入］タブの［グラフ］グループにある［折れ線/面グラフの挿入］をクリックします。［2-D 折れ線］に分類されている［折れ線］を選択します。

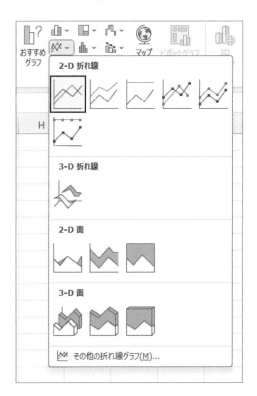

⑤次の図のような折れ線グラフが作成されます。

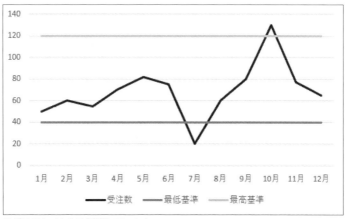

※グラフタイトルは削除しています。

　Excel では、40 と 120 の値はグラフのデータ系列のひとつとして認識されますが、折れ線グラフにすると、月別受注数に対する指標を示した補助線のような役割も果たしており、視覚的な外れ値の検出が容易になります。

　このように補助線を追加することによって、指標に対してデータがどのように変化しているか、そして範囲外となるデータがどの位置に存在するのかといったデータ全体の様子を把握できます。ここでは、7 月と 10 月が範囲外となっていることが一目で確認できました。

6.4　まとめ

　この章では、外れ値について説明しました。外れ値が存在するとデータの解釈を誤る可能性があるため、外れ値の検出が重要になります。ここでは散布図や折れ線グラフに対して近似曲線や補助線を挿入し、外れ値を検出する方法を説明しました。とくに、Excel には折れ線グラフに指標となる範囲を設定する機能がないため、本章で解説した方法で範囲を設定し、補助線として視覚化するテクニックを覚えておくとよいでしょう。

　ビジネスにおいても、仕事で扱うデータから正しい解釈を導くため、外れ値の検出は重要な意味を持ちます。

章末問題

知識問題

1. データセットから外れ値を除外する目的として、**もっとも適切なもの**を選んでください。
   (1) データの数を減らすため
   (2) データの入力を簡単にするため
   (3) データの計算量を小さくするため
   (4) データの解釈を誤らないようにするため

2. 外れ値について、**誤っているもの**を1つ選んでください。
   (1) 外れ値は、ほかのデータ点と大きく異なる値である。
   (2) 外れ値は、必ずデータの最大値である。
   (3) 外れ値は、データの解析結果に大きな影響を与えることがある。
   (4) 外れ値は、データの分布や傾向を確認するうえで重要な値である。

3. 散布図に挿入する近似曲線について、**誤っているもの**を1つ選んでください。
   (1) 全体のデータの傾向を見るための指標となる補助線の役目を果たす。
   (2) 外れ値の可能性があるデータを見つける際に有効なツールとなる。
   (3) 近似曲線とどのくらい離れている値を外れ値とするかの基準は分析の都度決める。
   (4) 常に右肩上がりの直線として表示される。

4. あるデータセットにおいて、Excel のグラフ機能を用いて散布図を作成しました。データセットに含まれる外れ値を視覚的に検出したい場合、次に行う操作として**もっとも適切なもの**を選んでください。
   (1) 円グラフを作成する。
   (2) 近似曲線を挿入する。
   (3) 折れ線グラフを作成する。
   (4) 棒グラフを作成する。

操作問題

1. ある部品工場における部品の重量のデータをまとめました。Excel を使用して折れ線グラフを作成し、外れ値に該当する製造番号を特定してください。ただし、重量が 12.0 ～ 12.8[kg] 以外の部品を外れ値とします。（操作には、第6章_章末問題.xlsx の「操作問題①」シートを使用します。）

2. ある店舗の各月の広告費（ドル）とそれに対応する売上（ドル）がデータセットに記録されています。Excelを使用して広告費と売上の散布図を作成し、外れ値と思われる月を特定してください。（操作には、第6章_章末問題.xlsxの「操作問題②」シートを使用します。）
   (1) 12月
   (2) 1月
   (3) 2月
   (4) 3月

3. あるオンラインショップの各月の広告クリック数とそれに対応する売上（百万円）がデータセットに記録されています。Excelを使用して散布図を作成し、外れ値と思われる月を特定してください。（操作には、第6章_章末問題.xlsxの「操作問題③」シートを使用します。）
   (1) 1月
   (2) 4月
   (3) 11月
   (4) 12月

第7章 度数分布表

Goal
- 度数分布表の意味を説明できる。
- 標本データから度数分布表を作成できる。
- 度数分布表からヒストグラムを作成できる。

　何か悩んでいるみたいだけど、どうしたの？

うちの会社は20の部署があって、合計で600人の社員がいるよね。部署ごとの社員人数が一目でわかるようにできる方法はないかな？　

　たしかに、どの部署に人が偏っているのかわかると便利だね。グラフにすれば見やすくなるかな。

そうだね。データをグラフにするには、まずは表を作ればいいかな？少なくとも、部署と所属する人数は必要だろうし……　

　それなら、度数分布表をもとにヒストグラムを作成するのはどう？

この会話のように、データは入手できたものの、どのように分析すればよいかわからない場面は多くあります。これまでに学習した平均や最大値、中央値などを求める以外にも、データから度数分布表を作成してみるとよいでしょう。さらに、度数分布表に基づいてヒストグラムを作成すれば、データに含まれる偏りを一目で把握できるようになります。

7.1　度数分布表が何かを知る

度数とは、特定のデータの個数のことであり、度数をまとめて表形式にしたものを**度数分布表**といいます。

データを並べるだけでは、数値の羅列にすぎません。そのため、取得したデータをグラフにすることで、データがどのようにばらついているかを視覚的に認識しやすくなります。

度数分布表から、データの分布状況を調べることを可能にするグラフをヒストグラムといいます。度数分布表はヒストグラムを作成するために必要な表です。

7.2　度数分布表を作成する

ある機械系メーカーの部署別の人数を例に、度数分布表とヒストグラムを作成していきます。表7.1は、部署別の従業員数を表にしたものですが、これは度数分布表ではありません。度数分布表には、階級、度数、相対度数、累積度数、累積相対度数と呼ばれるものが必要になります。

表7.1　部署別の従業員数

部署	従業員数
総務部	10
人事部	10
法務部	20
経理部	15
財務部	30
戦略部	10
広告促進部	35
販売促進部	25
広報部	45
企画部	30
技術部	75
開発部	50
製造部	60
研究開発部	25
調達部	15
流通部	5
資材部	20
営業部	55
営業推進部	50
購買部	15
合計	600

①学習用ファイル「第7章.xlsx」を開き、「第7章」シートを表示します。列Aと列Bには表7.1のデータが入力されています。

②列Dには**階級**が入力されています。階級とは、得られたデータを一定の値でグループ分けしたものです。今回は、最少人数が流通部の5人、最多人数が技術部の75人になるので、0～79を10人ずつに区切って階級をつくりました。

	A	B	C	D	E	F	G
1	部署	従業員数		階級	度数	相対度数	累積度数
2	総務部	10		0～9			
3	人事部	10		10～19			
4	法務部	20		20～29			
5	経理部	15		30～39			
6	財務部	30		40～49			
7	戦略部	10		50～59			
8	広告促進部	35		60～69			
9	販売促進部	25		70～79			
10	広報部	45					
11	企画部	30					
12	技術部	75					
13	開発部	50					
14	製造部	60					
15	研究開発部	25					
16	調達部	15					
17	流通部	5					
18	資材部	20					
19	営業部	55					
20	営業推進部	50					
21	購買部	15					
22	合計	600					
23							

③列Eに**度数**を求めます。度数はデータの個数を表し、度数分布表で階級として区切られたグループ内にデータがいくつあるかを表す値です。たとえば、従業員9人以下の部署は流通部のみですから、階級「0～9」の度数は「1」になります。

このとき、各階級に該当するデータが何個あるか、度数をひとつずつ数えていくのは大変です。そこで、Excelの**COUNTIF関数**を用いると便利です。COUNTIF関数は、検索条件に一致するデータの個数を返します。この関数を使うことで、大量のデータのなかから特定の条件を満たす項目だけを迅速に抽出し、各階級の度数を簡単に知ることができます。

COUNTIF関数の数式は以下のとおりです。

＝COUNTIF（範囲,検索条件）

ここで「範囲」とは、検索の条件を適用したいセルの範囲を指し、「検索条件」とは、そのセル範囲内でカウントするための条件を意味します。検索条件には数値、テキスト、または両方を含む式で指定することができます。条件が1つの場合にはCOUNTIF関数を使えます。

セルE2を選択して、[数式] タブの [関数ライブラリ] グループの [その他の関数] から [統計] を選択し、[COUNTIF] をクリックします。

COUNTIF関数の [関数の引数] ダイアログボックスが表示されたら、「範囲」にセル範囲B2：B21を指定します。「検索条件」には「<=9」と入力して、[OK] ボタンをクリックします。これは「B2からB21までのセル範囲で、9以下の数値が入力されたセルの数をカウントする」という数式です。

④それでは10以降の階級も、度数をカウントします。しかし、階級「10〜19」のように、10以上、かつ、19以下という複数条件を設定する場合は、COUNTIF関数は使用できません。**COUNTIFS関数**を使う必要があります。COUNTIFS関数は、指定した複数の条件に一致するデータの個数を返す関数です。

= COUNTIFS (検索条件範囲1, 検索条件1, 検索条件範囲2, 検索条件2…)

セルE3を選択して、[数式] タブの [関数ライブラリ] グループの [その他の関数] から [統計] を選択し、[COUNTIFS] をクリックします。

COUNTIFS関数の [関数の引数] ダイアログボックスが表示されたら、「検索条件範囲1」にセル範囲B2：B21、「検索条件1」に「>=10」、「検索条件範囲2」にセル範囲B2：B21、「検索条件2」に「<=19」を指定して、[OK] ボタンをクリックします。これは「B2からB21までのセル範囲で、10以上であり、かつ、19以下の数値が入力されたセルの数をカウントする」という意味です。

度数分布表の階級のように、ある特定の範囲に含まれるデータの個数を求めるには、複数条件の同時検索になるため、COUNTIFではなく、COUNTIFSを使う点に注意してください。

```
関数の引数                                              ?    ×
 COUNTIFS
   検索条件範囲1  B2:B21        ↑ = {10;10;20;15;30;10;35;25;45;30;
   検索条件1    ">=10"        ↑ = ">=10"
   検索条件範囲2  B2:B21        ↑ = {10;10;20;15;30;10;35;25;45;30;
   検索条件2    "<=19"        ↑ = "<=19"
   検索条件範囲3              ↑ = 参照
                                = 6
 特定の条件に一致するセルの個数を返します
        検索条件範囲1: には、特定の条件で値を求める対象となるセル範囲を指定します

 数式の結果 = 6
 この関数のヘルプ(H)                           OK      キャンセル
```

それでは、同様にほかの階級も COUNTIFS 関数を用いて度数をカウントする数式を入力していきましょう。階級 10 〜 19 は度数が 6 となり、これは 6 部署がこの階級に当てはまることを意味しています。同じように階級 20 〜 29 は 4 となり、これは 4 部署がこの階級に当てはまることを意味しています。

	A	B	C	D	E	F	G	H
1	部署	従業員数		階級	度数	相対度数	累積度数	累積相対度
2	総務部	10		0〜9	1			
3	人事部	10		10〜19	6			
4	法務部	20		20〜29	4			
5	経理部	15		30〜39	3			
6	財務部	30		40〜49	1			
7	戦略部	10		50〜59	3			
8	広告促進部	35		60〜69	1			
9	販売促進部	25		70〜79	1			
10	広報部	45						
11	企画部	30						
12	技術部	75						

⑤次に、列 F に**相対度数**を求めます。相対度数とは、データ全体から見た度数の相対的な割合を示す値です。各階級の度数を度数の合計で割ることで相対度数を求めます。

たとえば、袋のなかにリンゴが 3 つ、梨が 2 つ、オレンジが 1 つ、合計 6 つの果物が入っているとします。袋のなかにあるリンゴの割合は、リンゴの数÷果物の合計数で求めます。数式に表すと、3 ÷ 6 = 0.5 です。これは果物の合計を 1 と考えた場合の値で、百分率（%）で表すと全体の 50%がリンゴということになります。

今度は部署で考えてみましょう。部署の数、すなわち、度数の合計は「20」ですから、従業員数が 10 〜 19 人の部署の相対度数は、6 ÷ 20 = 0.3、相対度数は「0.3」になります。これは全体の 30%の部署がこの階級（10 人〜 19 人）に当てはまることを意味しています。同様にほかの部署も計算しましょう。

セル F2 に「=E2/20」を入力して、[Enter] キーを押します。計算結果が表示されたらセル F2 を選択し、オートフィルでセル F9 まで数式をコピーします。

	A	B	C	D	E	F	G	H
	F2			fx	=E2/20			
1	部署	従業員数		階級	度数	相対度数	累積度数	累積相対度
2	総務部	10		0〜9	1	0.05		
3	人事部	10		10〜19	6	0.3		
4	法務部	20		20〜29	4	0.2		
5	経理部	15		30〜39	3	0.15		
6	財務部	30		40〜49	1	0.05		
7	戦略部	10		50〜59	3	0.15		
8	広告促進部	35		60〜69	1	0.05		
9	販売促進部	25		70〜79	1	0.05		
10	広報部	45						

⑥続いて、列 G に**累積度数**を求めます。累積度数は、度数を最初の階級からある階級まで順に加算した値です。たとえば、30 〜 39 の階級の累積度数は 1 ＋ 6 ＋ 4 ＋ 3 ＝ 14 となります。これは 14 部署がこの階級までに含まれることを意味しています。階級 0 〜 9 は、最初の階級になるので、度数がそのまま累積度数になります。

セル G2 には「=E2」を入力します。階級 10 〜 19 以降は、前の階級の累積度数に度数を加算します。セル G3 に「=G2+E3」と入力し、[Enter] キーを押します。計算結果が表示されたら、セル G3 を選択し、オートフィルでセル G9 まで数式をコピーします。

	A	B	C	D	E	F	G	H
	G9			fx	=G8+E9			
1	部署	従業員数		階級	度数	相対度数	累積度数	累積相対度
2	総務部	10		0〜9	1	0.05	1	
3	人事部	10		10〜19	6	0.3	7	
4	法務部	20		20〜29	4	0.2	11	
5	経理部	15		30〜39	3	0.15	14	
6	財務部	30		40〜49	1	0.05	15	
7	戦略部	10		50〜59	3	0.15	18	
8	広告促進部	35		60〜69	1	0.05	19	
9	販売促進部	25		70〜79	1	0.05	20	
10	広報部	45						

⑦最後に、列 H に**累積相対度数**を求めます。累積相対度数は、累積度数と同様で最初の階級からある階級までの相対度数を加算した値です。⑥で累積度数を求めた方法で、累積相対度数を求めましょう。たとえば、30 〜 39 の階級の累積相対度数は 0.05 ＋ 0.3 ＋ 0.2 ＋ 0.15 ＝ 0.7 となります。これは 70％の部署がこの階級までに含まれることを意味しています。累積相対度数は最終的に 1 になります。

B	C	D	E	F	G	H	I
従業員数		階級	度数	相対度数	累積度数	累積相対度数	
10		0〜9	1	0.05	1	0.05	
10		10〜19	6	0.3	7	0.35	
20		20〜29	4	0.2	11	0.55	
15		30〜39	3	0.15	14	0.7	
30		40〜49	1	0.05	15	0.75	
10		50〜59	3	0.15	18	0.9	
35		60〜69	1	0.05	19	0.95	
25		70〜79	1	0.05	20	1	
45							
30							

数式バー: =H8+F9

これで、度数分布表は完成です。次に、ヒストグラムを作成していきましょう。

7.3 ヒストグラムが何かを知る

ヒストグラムとは、度数分布表のデータをグラフで表示したものです。人口に占める年齢層の割合など、一度は目にしたことがあると思います。ヒストグラムと似たものに棒グラフがありますが、この2つは異なる性質のグラフです。ヒストグラムは隣りあうデータの柱が隙間なく隣接しているのに対し、棒グラフはデータの柱同士が離れていて、データの大小を比較するグラフです。対象となるデータから適切なグラフの種類を選ぶことが必要です。

ヒストグラムは、データの散らばりかた、中心位置がどこにあるのかといった情報を視覚的に見やすくするのが最大の特徴です。ヒストグラムでデータ分析する際は、以下の点に注意しましょう。

・データの山の数はどうか

図7.1のヒストグラムは山の数がひとつであるのに対し、図7.2では山の数が2つあります。山の数はデータを分析する際の重要なポイントで、山が2つ以上ある場合は、異なる性質を持つデータが混在している可能性があります。

・対称かどうか

ヒストグラムが左右対称か左右非対称かを確認します。図7.1のように左右対称の場合は、検定や推定で用いられる正規分布にあてはめることができます。本書での詳細な解説は省きますが、正規分布は、統計学の基本となる分布で、左右対称の釣鐘型の形をしています。正規分布では、平均、中央値、最頻値が一致するという特徴があります。

> **メモ** **検定や推定**：統計学における分析手法です。検定は、観測データの母集団に対して仮説が成り立つかどうかを判断する手法です。推定は、観測データの母集団の統計的性質について予測する手法です。

・**データの中心位置はどこか**

　データの中心位置を知ることは統計学における重要なポイントです。ヒストグラムを見ることで、データのおおよその中心を知ることができます。

・**ばらつきはどの程度か**

　ヒストグラムによって全体のばらつきも知ることができます。

・**外れ値はあるか**

　ヒストグラムを観察し、ほかのデータと比べて明らかにかけ離れた値を示しているデータが存在する場合、外れ値である可能性があります。図 7.3 はほかのデータよりかけ離れた値として、15 があることが一目で確認できます。

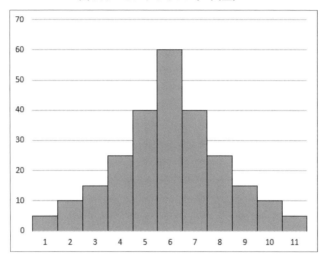

図 7.1　ヒストグラム（一山型）

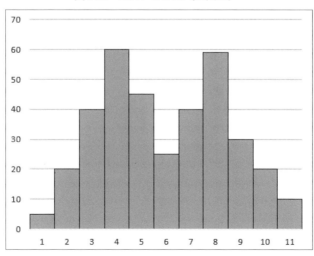

図 7.2　ヒストグラム（二山型）

図 7.3 外れ値のあるヒストグラム

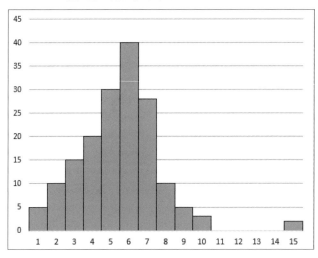

7.4 ヒストグラムを作成する

7.2 で作成した部署別従業員数の度数分布表をもとに、ヒストグラムを作成しましょう。

①ヒストグラムを作成するセル範囲 D1：E9 を選択します。

	A	B	C	D	E	F	G	H
1	部署	従業員数		階級	度数	相対度数	累積度数	累積相対
2	総務部	10		0～9	1	0.05	1	
3	人事部	10		10～19	6	0.3	7	
4	法務部	20		20～29	4	0.2	11	
5	経理部	15		30～39	3	0.15	14	
6	財務部	30		40～49	1	0.05	15	
7	戦略部	10		50～59	3	0.15	18	
8	広告促進部	35		60～69	1	0.05	19	
9	販売促進部	25		70～79	1	0.05	20	
10	広報部	45						
11	企画部	30						
12	技術部	75						
13	開発部	50						

②［挿入］タブの［グラフ］グループにある［統計グラフの挿入］をクリックし、［ヒストグラム］を選択します。

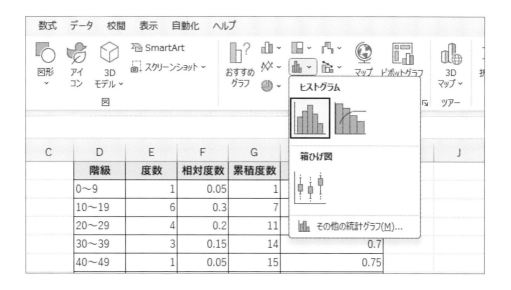

③下図のようなヒストグラムが自動で作成されます。ヒストグラムの横軸を選択して、さらに右クリックします。表示されたメニューから［軸の書式設定］を選択します。

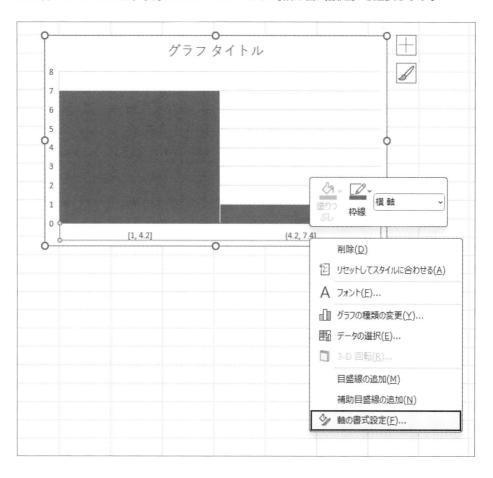

④［軸の書式設定］作業ウィンドウの軸のオプションで、ビンの一覧から［分類項目別］を選択すると、階級毎に度数が表示されたヒストグラムが表示されます。

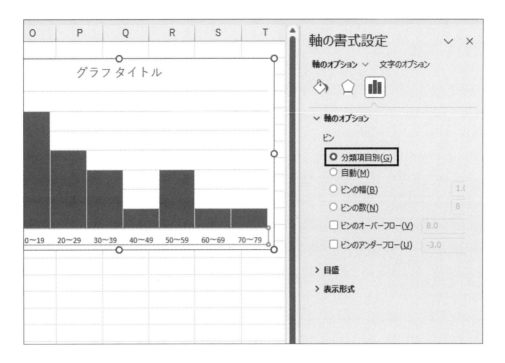

⑤必要に応じて、グラフの軸ラベルを作成します。軸ラベルはグラフの軸が何の値を表すのかを示すための見出しです。グラフを選択し、右上に2つのアイコンが表示されたら、上の［グラフ要素］アイコン（［＋］マーク）をクリックします。展開されたメニューの［軸ラベル］にチェックを入れると、軸ラベルが追加されます。このヒストグラムでは、横軸のラベル名を「階級」、縦軸を「度数」に変更することにしましょう。

最後にグラフタイトルを「部署別従業員数」に変更します。次の図と同じヒストグラムが作成できているはずです。

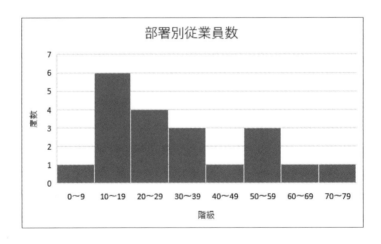

ヒストグラムにすることで、数値だけを羅列した度数分布表より、一目で全体のデータのばらつきを知ることができます。度数分布表とヒストグラムは、統計学において重要なデータ要約手法ですので、マスターしておくとよいでしょう。

> **メモ** **ヒストグラムの作成方法**：集合縦棒グラフでもヒストグラムを作成することができます。7.4 で使用したデータを使って、以下の手順で操作してみてください。
>
> ①セル範囲 D1：E9 を選択し、[挿入] タブの [グラフ] グループにある [縦棒/横棒グラフの挿入] から [集合縦棒] をクリックします。
> ②任意の縦棒グラフ（データ系列）を選択して、さらに右クリックします。表示されたメニューから [データ系列の書式設定] を選択します。
> ③データ系列の書式設定の [要素の間隔] に「0」を入力すると、グラフの系列間の間隔がなくなり、階級ごとに度数が表示されたヒストグラムが完成します。
>
>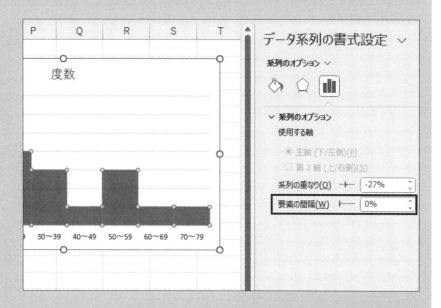
>
> なお、ヒストグラムは分析ツールを使用して作成することもできますが、本書ではExcel のグラフ機能を使用する方法で学びます。

7.5 まとめ

　この章では、度数分布表とヒストグラムについて説明しました。特定のデータを階級で区切り、その階級に属しているデータの数（度数）をまとめて表形式にしたものが度数分布表です。度数分布表には、各階級の度数が全体に占める割合を示す相対度数、度数や相対度数を累積した累積度数、累積相対度数を含めることもあり、その作成方法を学習しました。

　ヒストグラムは、度数分布表をもとにデータを視覚的に見やすくしたグラフです。また、ヒストグラムは連続的なデータの分析を行うものであり、全体のばらつきや中心位置がどこかといった分析に適しています。

　ビジネスにおいても、データ全体の分布を把握するため、度数分布表でデータを整理し、視覚的に把握するためにヒストグラムを利用してみるとよいでしょう。

章末問題

知識問題

1. 度数分布表について、次のなかから**正しいもの**を1つ選んでください。
   (1) 度数分布表は、散布図を作成するのに適している。
   (2) 階級は、必ず10単位で区切る必要がある。
   (3) 度数とは、特定のデータの個数を意味する統計量である。
   (4) 相対度数とは、平均と同じ意味を表す統計量である。

2. ヒストグラムを使用する目的として、**正しいもの**を1つ選んでください。
   (1) データの個数を数えるため
   (2) データのばらつきや中心位置を視覚的に把握するため
   (3) データの最大値を求めるため
   (4) データの中央値を求めるため

3. ヒストグラムと棒グラフの違いとして、**もっとも適切な説明**を選んでください。
   (1) ヒストグラムはデータの柱同士が離れており、棒グラフは隙間なく隣接している。
   (2) ヒストグラムは隣りあうデータの柱が隙間なく隣接しているのに対し、棒グラフはデータの柱同士が離れている。
   (3) ヒストグラムはデータの平均を示し、棒グラフはデータの合計を示す。
   (4) ヒストグラムはカテゴリ別のデータを示し、棒グラフはデータの分布を示す。

4. Excelで相対度数を計算する方法として、**正しいもの**を1つ選んでください。
   (1) 各データの値を平均値で割る。
   (2) 各度数をデータの合計数で割る。
   (3) 各度数を最大値で割る。
   (4) 各データの値を中央値で割る。

5. 度数分布表を作成する際に、複数の条件に合致するデータの個数を数えるために使用するExcel関数として、**正しいもの**を1つ選んでください。
   (1) SUM関数
   (2) AVERAGE関数
   (3) COUNTIF関数
   (4) COUNTIFS関数

操作問題

1. ある店舗で取り扱う商品の価格帯の度数分布表を作成しています。空欄［A］と［B］にあてはまる値を求めてください。（操作には、第7章_章末問題.xlsx の「操作問題①」シートを使用します。）

階級	度数	相対度数	累積度数	累積相対度数
0〜999	2	0.08	2	0.08
1000〜1999	4	0.16	6	0.24
2000〜2999	6	[A]	12	0.48
3000〜3999	5	0.2	17	0.68
4000〜4999	4	0.16	21	0.84
5000〜5999	3	0.12	24	[B]
6000〜6999	1	0.04	25	1

2. あるクラスの学生に対して行った数学のテストの得点データを元に度数分布表を作成し、度数が最大となる階級を選んでください。（操作には、第7章_章末問題.xlsx の「操作問題②」シートを使用します。）

   (1) 60-69 点
   (2) 70-79 点
   (3) 80-89 点
   (4) 90-99 点

3. 月ごとの最高気温を記録したデータが5年分あります。このデータを元に、以下の区間で度数分布表を作成し、30.0-34.9 の階級の度数を求めてください。（操作には、第7章_章末問題.xlsx の「操作問題③」シートを使用します。）

区間
10.0-14.9
15.0-19.9
20.0-24.9
25.0-29.9
30.0-34.9
35.0-39.9
40.0-44.9

第8章 標準化

Goal
- 標準偏差を用いた標準化の意味を説明できる。
- データから標準偏差を計算し、標準化の統計処理を行うことができる。
- 標準偏差を用いた標準化がビジネスのどのような場面で役立つのかを理解できる。

> 今年は支店によって売上の差が激しいね。
> 支店ごとに、販売中止の商品を増やすしかないかな。

> 標準偏差を使って、売上のばらつきが大きい商品の販売を中止してはどうでしょう？

> 商品ごとに売上額が数十万円のものから数億円のものまであるから、比較は難しくないかな？ 売上額が小さいものと大きいものでは、大きいほうが標準偏差も大きくなるでしょう？

> そのような場合は標準化することで、売上額の桁が異なる商品でも比較できます。

> そうなんだ。じゃあさっそく、3つの商品を標準化して比較してもらえるかな。

> わかりました。

この会話のように、売上額の桁が異なるものは、その平均売上額と標準偏差の桁も異なります。標準化とは、平均値の基準を0、標準偏差の基準を1となるように変換することをいいます。標準化することで、売上額の桁の異なる商品を簡単に比較することができます。

8.1　標準化が何かを知る

標準化とは、さまざまなデータを統計学的に見やすくする方法です。計算には、売上高などのデータとその平均、標準偏差を使います。第5章で月ごとの売上高から平均と標準偏差を計算しました。標準化では平均「0」、標準偏差「1」が基準になるようにデータを変換します。このような変換を行うことで、多くのデータを見る際により見やすくなり、統計的な計算・比較がしやすくなります。

たとえば、次の表8.1のような売上高が異なる3つの商品（A：約50万円、B：約10億円、C：約1億円）を比較するとします。

表8.1　商品売上高データ（標準化前）

支店＼商品	売上高（万円）商品A	売上高（億円）商品B	売上高（百万円）商品C
支店1	52.4	10.4	98.4
支店2	47.3	14.1	102.4
支店3	50.6	8.4	106.5
支店4	46.3	7.9	98.4
支店5	50.9	12.4	92.4

数字だけ見ると、どの支店も商品Cの数字が良いことを示していますが、各支店で商品同士の売上高を比較するとき、（億円）や（百万円）などの単位が異なることを考慮する必要があります。売上の単位を含めて数字を見れば、どの支店も商品Aの売上高が一番小さいといえますが、それだけで商品Aの売れ行きが悪いと判断することはできません。商品ごとの売上高の平均やばらつきの大きさといった条件も異なるからです。

これらのデータの標準化を行うことにより、平均と標準偏差をそろえ、データを見やすく、比較できるようにします。表8.2は標準化を行った売上高データです。

表8.2　商品売上高データ（標準化後）

支店＼商品	売上高（商品A）	売上高（商品B）	売上高（商品C）
支店1	1.12	−0.09	−0.23
支店2	−0.85	1.32	0.53
支店3	0.43	−0.85	1.31
支店4	−1.24	−1.04	−0.23
支店5	0.54	0.67	−1.38

標準化では、平均の値を「0」、標準偏差を「1」としてデータを変換しなおします。そのため、表8.2でプラスの値になっているものはその商品の売上高の平均を上回っていることを示し、マイナスの値になっているものは平均を下回っていることを示しています。標準化する前の表8.1では、商品ごとの売上高を単純に比較することができませんでしたが、標準化した後のデータでは、支店1は商品A、支店2は商品Bの売れ行きがもっともよいというように、平均やばらつきの異なる商品の間で比較ができるようになります。

この結果から、支店ごとに売れ行きの悪い商品を販売中止候補としてピックアップした結果が表8.3です。

表8.3 販売中止候補商品（支店別）

支店	販売中止候補商品
支店1	商品C（−0.23）
支店2	商品A（−0.85）
支店3	商品B（−0.85）
支店4	商品A（−1.24）
支店5	商品C（−1.38）

8.2 平均の異なるデータを標準化する

表8.1のデータを使って、標準化をしてみましょう。

①学習用ファイル「第8章.xlsx」を開きます。

②セルB8に商品Aの平均を求めます。オートフィルでセルC8、D8も同様に商品Bと商品Cの平均を求めます。

	A	B	C	D
1	商品売上データ（標準化前）			
2	支店/商品	売上高（万円）商品A	売上高（億円）商品B	売上高（百万円）商品C
3	支店1	52.4	10.4	98.4
4	支店2	47.3	14.1	102.4
5	支店3	50.6	8.4	106.5
6	支店4	46.3	7.9	98.4
7	支店5	50.9	12.4	92.4
8	平均	=AVERAGE(B3:B7)		
9	標準偏差			

③セルB9に標準偏差を求めます。計算するセル範囲はB3：B7です。セルB8が含まれないように注意しましょう。オートフィルでセルC9、D9も同様に標準偏差を求めます。第5章で説明したとおり、Excelの関数で標準偏差を求める場合には、母集団に対する標準偏差を計算するSTDEV.Pと、その母集団から抽出されたサンプルに対する標準偏差を計算する

STDEV.Sの、おもに2種類の関数があります。母集団とはその対象の全体であり、サンプルはその母集団のなかに含まれる一部の対象だと理解しておきましょう。たとえば、日本全体の人口を母集団とすれば、各都道府県の人口はそのサンプルという位置づけになります。ここでは支店1から5以外にも数多くの支店があると想定し、そのなかから今回は5つの支店をサンプルとして抽出して標準偏差を計算すると仮定します。この場合、サンプルに対する標準偏差を計算するため、STDEV.S関数を使います。もし、サンプルではなく母集団に対して標準偏差を計算する場合にはSTDEV.P関数を使います。標準偏差を求めるデータが母集団なのか、あるいは、その母集団から抽出したサンプルなのかによって、標準偏差を求める関数を使い分けるようにしましょう。

	A	B	C	D
1	商品売上データ（標準化前）			
2	支店/商品	売上高（万円）商品A	売上高（億円）商品B	売上高（百万円）商品C
3	支店1	52.4	10.4	98.4
4	支店2	47.3	14.1	102.4
5	支店3	50.6	8.4	106.5
6	支店4	46.3	7.9	98.4
7	支店5	50.9	12.4	92.4
8	平均	49.50	10.64	99.62
9	標準偏差	=STDEV.S(B3:B7)		

④11行目以降の表に「標準化後」の値を出力します。標準化には **STANDARDIZE関数** を使用します。STANDARDIZE（スタンダーダイズ）関数は平均と標準偏差をもとに目的の値の標準化変量を返す関数です。

セルB13を選択して、［数式］タブの［関数ライブラリ］グループの［その他の関数］をクリックします。

⑤［統計］を選択して、一覧から［STANDARDIZE］をクリックします。

⑥［関数の引数］ダイアログボックスが表示されたら、「X」「平均」「標準偏差」に、以下のとおりそれぞれのセルを指定して、［OK］ボタンをクリックします。なお、オートフィルを使用するため、セル B8 と B9 は行の複合参照に設定します。

「X」にセル B3（標準化する値）を選択。
「平均」にセル B8（標準化前の平均の値）を選択。
「標準偏差」にセル B9（標準化前の標準偏差の値）を選択。

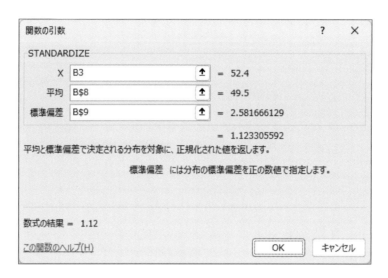

⑦セル B13 にセル B3 の標準化された値が出力されます。

	A	B	C	D
1	商品売上データ（標準化前）			
2	支店/商品	売上高（万円）商品A	売上高（億円）商品B	売上高（百万円）商品C
3	支店1	52.4	10.4	98.4
4	支店2	47.3	14.1	102.4
5	支店3	50.6	8.4	106.5
6	支店4	46.3	7.9	98.4
7	支店5	50.9	12.4	92.4
8	平均	49.50	10.64	99.62
9	標準偏差	2.58	2.63	5.25
10				
11	商品売上データ（標準化後）			
12	支店/商品	売上高（万円）商品A	売上高（億円）商品B	売上高（百万円）商品C
13	支店1	1.12		
14	支店2			
15	支店3			

⑧オートフィルを使って、商品 A の支店 2 ～ 5、商品 B、商品 C についても標準化します。これで標準化の手順はすべて終了です。

	商品売上データ（標準化後）			
11				
12	支店/商品	売上高（万円）商品A	売上高（億円）商品B	売上高（百万円）商品C
13	支店1	1.12	-0.09	-0.23
14	支店2	-0.85	1.32	0.53
15	支店3	0.43	-0.85	1.31
16	支店4	-1.24	-1.04	-0.23
17	支店5	0.54	0.67	-1.38
18	平均			
19	標準偏差			

標準化では、平均値の基準を「0」、標準偏差の基準を「1」となるようにデータが変換されています。手順②③と同じように、標準化後の「平均」と「標準偏差」を求めてみましょう。商品ごとの平均と標準偏差がそれぞれ基準値になることがわかります。

	A	B	C	D
1	商品売上データ（標準化前）			
2	支店/商品	売上高（万円）商品A	売上高（億円）商品B	売上高（百万円）商品C
3	支店1	52.4	10.4	98.4
4	支店2	47.3	14.1	102.4
5	支店3	50.6	8.4	106.5
6	支店4	46.3	7.9	98.4
7	支店5	50.9	12.4	92.4
8	平均	49.50	10.64	99.62
9	標準偏差	2.58	2.63	5.25
10				
11	商品売上データ（標準化後）			
12	支店/商品	売上高（万円）商品A	売上高（億円）商品B	売上高（百万円）商品C
13	支店1	1.12	-0.09	-0.23
14	支店2	-0.85	1.32	0.53
15	支店3	0.43	-0.85	1.31
16	支店4	-1.24	-1.04	-0.23
17	支店5	0.54	0.67	-1.38
18	平均	0.00	0.00	0.00
19	標準偏差	1.00	1.00	1.00

8.3 まとめ

この章では、データを統計的に比較しやすく変換する標準化という統計手法を学習しました。標準化は、データとその平均、標準偏差を使って計算できます。Excelでの操作には、STANDARDIZE関数を使って計算する方法があります。

ビジネスにおいては、商品ごとの売上を比較する場合、桁や単位が異なるデータであっても、散らばりを比較したり、売上や価値を判断するための指標に利用できます。

章末問題

知識問題

1. 標準化について、次のなかから**正しいもの**を1つ選んでください。
   (1) 標準化は、中央値の異なるデータ群を比較するのに適している。
   (2) 標準化は、平均の異なるデータ群を比較するのに適している。
   (3) 標準化は、外れ値の異なるデータ群を比較するのに適している。
   (4) 標準化は、最頻値の異なるデータ群を比較するのに適している。

2. 標準化について、次のなかから**正しいもの**を1つ選んでください。
   (1) 標準化後のデータの平均は1、標準偏差は0になる。
   (2) 標準化後のデータの平均は0、標準偏差は1になる。
   (3) 標準化後のデータの平均は1、標準偏差は1になる。
   (4) 標準化後のデータの平均は0、標準偏差は0になる。

3. 標準化されたデータの値がプラスになる場合の意味として、**正しいもの**を1つ選んでください。
   (1) 元のデータが平均値を下回っている。
   (2) 元のデータが標準偏差を下回っている。
   (3) 元のデータが平均値を上回っている。
   (4) 元のデータが中央値を上回っている。

4. 標準化を行うことで得られる利点として、**もっとも適切なもの**を選んでください。
   (1) データの最大値と最小値を簡単に見つけることができる。
   (2) 異なる桁のデータを比較しやすくなる。
   (3) データの平均を上げることができる。
   (4) データの中央値を簡単に計算できる。

操作問題

1. ある薬局の商品別販売数のデータを標準化します。標準化した値が**もっとも大きい薬局と商品名の組み合わせ**を答えてください。今回のデータは、ほかにも店舗があるなかから抽出されたデータとします。（操作には、第8章_章末問題.xlsx の「操作問題①」シートを使用します。）

2. あるクラスで実施した国語、数学、英語の3科目のテストの得点をまとめたデータがあり、このデータを標準化して科目間の比較をしたいと考えています。次の各問に答えてください。ただし、データは母集団と考えます。（操作には、第8章_章末問題.xlsx の「操作問題②」シートを使用します。）

①出席番号8の生徒について、標準化した値が**もっとも大きい科目**を選んでください。
　(1)国語
　(2)数学
　(3)英語

②出席番号20の生徒の「数学」の得点を標準化した値として**正しいもの**を1つ選んでください。
　(1)0.06
　(2)−0.71
　(3)−0.87
　(4)0.40

③「英語」の得点を標準化したとき、値がマイナスになっている生徒は何人いるか求め、**正しい値**を1つ選んでください。
　(1)15
　(2)16
　(3)17
　(4)18

第9章 移動平均

Goal
- 移動平均について説明できる。
- 時系列データを、移動平均を用いて分析できる。
- 移動平均を用いて時系列データの傾向を読み取ることができる。

ここ数年、インターネット広告の仕事に携わってみて、なんとなく成長産業であるのは感じるけど、この数か月は売上高が不規則に変動しているな。景気も不透明だし、今後はどう判断すればいいかな。

短期的に見ると、来月の売上高は厳しそうだね。

成長期なのか衰退期なのかさえわかれば、予測しやすいのになあ。

ある統計処理をすれば、本当に成長しているのか、じつは下がり気味なのかわかるよ。

そんな方法があるんだ！

平均の考えをグラフに応用するんだよ。

この会話のように、ビジネスでは短期的な状態の把握よりも長期的な傾向を見極めることがより重要な場面があります。すでに学習した平均（第1章）の考え方を応用して、時系列データからその傾向を読み取る移動平均を学習しましょう。

9.1 移動平均が何かを知る

移動平均とは、一定の区間（期間）を移動しながら平均をとっていくことです。次のそれぞれの変動要因の影響を除いた推移を探り、近い将来の予測に役立てるための手法のひとつです。

- **規則的な変動要因（季節変動）**
  平日の来客数と休日の来客数が1週間単位で変化するように、一定の周期で繰り返される変動要因
- **不規則な変動要因（無作為変動）**
  例年に比べ、雨量が極端に少ないことの影響を受けた作物の収穫量のように、気温や天候など不規則な影響による変動要因

この手法は、気象情報や金融の世界でよく使われます。株取引をされる方なら、「〇日移動平均」という言葉に聞きおぼえがあるはずです。

一般的に、売上を分析する場合、数字だけを追っても意味がありません。季節や天候によって浮き沈みする売上が、本当に成長しているのか、単に規則的な変動による短期的な変化なのかを知ることは大切なことです。それでは、実際にやってみましょう。

9.2 時系列データを整理する

表9.1は、経済産業省のオープンデータ「特定サービス産業動態統計調査」で、2010年から2019年の「インターネット広告」の売上高を引用してまとめたものです。

表9.1　広告業（インターネット広告）の売上高推移（単位：百万円）

	2010年	2011年	2012年	2013年	2014年	2015年	2016年	2017年	2018年	2019年
1月	13,377	28,453	26,996	29,183	32,805	37,590	46,946	51,606	56,533	66,812
2月	16,000	30,826	32,215	33,432	37,777	41,477	48,762	55,254	59,366	65,339
3月	23,768	41,041	47,501	53,058	58,416	64,170	70,705	80,075	87,248	96,432
4月	14,110	23,596	31,050	32,429	36,989	43,708	51,280	57,826	64,905	69,829
5月	14,775	25,129	28,825	30,337	34,486	39,565	46,025	51,789	56,105	59,705
6月	17,101	29,353	33,591	35,704	39,726	44,997	51,528	57,419	60,439	65,854
7月	15,677	28,280	30,044	32,127	36,794	40,407	48,915	54,199	56,619	60,367
8月	15,118	25,610	26,265	28,631	34,472	40,657	45,175	50,444	53,172	56,189
9月	19,434	34,401	33,817	38,080	40,961	49,495	57,399	60,768	64,500	69,377
10月	27,452	32,415	29,241	33,005	37,769	44,340	53,142	60,629	63,537	64,950
11月	21,665	30,935	32,032	34,539	39,892	46,773	52,863	61,181	65,322	66,813
12月	23,509	50,617	50,921	54,051	61,156	68,336	76,977	85,070	89,875	92,710

（※表の引用元データは、補正などにより後日訂正されることがあります。）

> **メモ** 表9.1のデータは、経済産業省のオープンデータ「特定サービス産業動態統計調査」からまとめたものです。
>
> データは経済産業省のウェブサイトの「統計」→「特定サービス産業動態統計調査」ページ→「調査の結果」→「統計表一覧」→「長期データ」ページ内からダウンロードできます。ダウンロードページにたどり着けない場合は、経済産業省サイトにアクセスし、サイト内検索に「長期データ」と入力して検索することをお勧めします。
> 「長期データ」のページが表示されたら、「対事業所サービス業」の「広告業」の【実数・伸び率データ】をダウンロードします。ダウンロードデータはExcel形式です。ダウンロードしたファイルの「月・実数」シートを開くと、表9.1のもととなったデータを確認することができます。
> 特定サービス産業動態統計調査には、さまざまなデータが掲載されています。練習として色々なデータを分析してみると、面白い結果が見えてくるかもしれません。

このデータをグラフで可視化すると、右肩上がりの成長が確認できます（図9.1）。縦軸は売上高（単位：百万円）を示しており、横軸は年月です。

図9.1 売上高推移

なお、表9.1の表データでは、図9.1のようなグラフはつくれません。図9.1のグラフを作成する場合は、グラフのデータを図9.2のように1列にしてから作成します。

図9.2 グラフのデータ

	A	B	C
1	年月	売上高(百万円)	
2	2010年1月	13,377	
3	2010年2月	16,000	
4	2010年3月	23,768	
5	2010年4月	14,110	
6	2010年5月	14,775	
7	2010年6月	17,101	
8	2010年7月	15,677	
9	2010年8月	15,118	
10	2010年9月	19,434	
11	2010年10月	27,452	
12	2010年11月	21,665	
13	2010年12月	23,509	
14	2011年1月	28,453	
15	2011年2月	30,826	
16	2011年3月	41,041	
17	2011年4月	23,596	

9.3 移動平均を使って時系列データを分析する

ここから分析をしていきます。移動平均の算出は、Excelのアドイン「分析ツール」を用います。分析ツールの追加方法は第5章を参照してください。

①学習用ファイル「第9章.xlsx」を開き、セルC1に「移動平均」と入力します。列Cに移動平均の計算結果を出力していきます。

	A	B	C
1	年月	売上高(百万円)	移動平均
2	2010年1月	13,377	
3	2010年2月	16,000	
4	2010年3月	23,768	
5	2010年4月	14,110	
6	2010年5月	14,775	
7	2010年6月	17,101	
8	2010年7月	15,677	
9	2010年8月	15,118	
10	2010年9月	19,434	
11	2010年10月	27,452	
12	2010年11月	21,665	
13	2010年12月	23,509	
14	2011年1月	28,453	
15	2011年2月	30,826	
16	2011年3月	41,041	
17	2011年4月	23,596	

② ［データ］タブの［分析］グループにある［データ分析］をクリックします。

③ ［データ分析］ダイアログボックスが表示されたら、［移動平均］を選択して［OK］ボタンをクリックします。

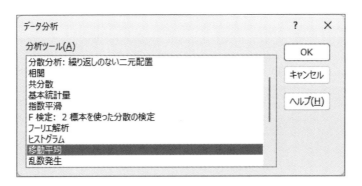

④ ［移動平均］ダイアログボックスが表示されたら、［入力範囲］に売上高（セル範囲 B1：B121）を指定します。今回は入力範囲に見出し「売上高（百万円）」を含めたため、［先頭行をラベルとして使用］にチェックを入れます。

> **メモ** データ数が大量にあると、スクロールで範囲を指定するのは手間がかかったり、選択しにくかったりします。選択する列の先頭（今回はセル B1）を選択したあとで、［Shift］キーと［Ctrl］キーを同時に押しながら下向きの矢印［↓］キーを押すと、最後尾のデータまで瞬時に選択できます。
> 入力範囲のボックスには「$B$1:$B$121」が表示されます。（列番号と行番号の前に「$」がついており、行列の両方を固定して参照する絶対参照となっています。）

⑤［区間］には「12」を入力します。理由はのちほど説明します。［出力先］はセル C2 以降に出すので、「C2」を選択します。（セル C2 を選択すると、入力ボックスには絶対参照の「$C$2」が入力されます。）ダイアログボックスの［OK］ボタンをクリックします。

⑥列 C に移動平均で計算された値が表示されます。

計算結果に着目してください。セル範囲 C2：C12 には、「#N/A」と表示されています。これは参照データが入力されていないときや、参照先にデータがない場合に表示されるエラーです。⑤で［移動平均］ダイアログボックスの［区間］には「12」を指定しました。

セルC13を選択して、[数式バー]を見ると「=AVERAGE（B2:B13）」とあります。計算式は、B2〜B13までの12個（12か月分）のデータの平均がC13に出力されていることを意味しています。セル範囲C2：C12では計算に必要な12個のデータが不足しているため、エラーが表示されます。

	A	B	C	D
1	年月	売上高(百万円)	移動平均	
2	2010年1月	13,377	#N/A	
3	2010年2月	16,000	#N/A	
4	2010年3月	23,768	#N/A	
5	2010年4月	14,110	#N/A	
6	2010年5月	14,775	#N/A	
7	2010年6月	17,101	#N/A	
8	2010年7月	15,677	#N/A	
9	2010年8月	15,118	#N/A	
10	2010年9月	19,434	#N/A	
11	2010年10月	27,452	#N/A	
12	2010年11月	21,665	#N/A	
13	2010年12月	23,509	=AVERAGE(B2:B13)	
14	2011年1月	28,453		
15	2011年2月	30,826	20,991	
16	2011年3月	41,041	22,430	
17	2011年4月	23,596	23,221	

またセルC14には、セル範囲B3：B14の平均、セルC15にはセル範囲B4：B15の平均が算出されています。平均する範囲を移動させながら各月の平均を算出していることがわかります。

⑤で指定した［区間］は、どのようなスパンで移動させながら平均を出していくか指定するものです。この例では年ごとの月次データだったので、1年間（12か月）の「12」を指定しました。このように平均を算出する期間を移動させる目的は、そのデータ特有の傾向の影響をなくすことです。

それでは、今回のデータに傾向があるかどうかをグラフで可視化して確認してみましょう。図9.3は各年の1月から12月までの売上高（表9.1）を折れ線グラフで表示したものです。最初の2010年（点線表示）のみ傾向が少し異なりますが、ほかの年についてはほぼ同じ傾向がみられるようです。おそらく3月と12月に売上高のピークがあることが想定できます。この業界には1年をとおしたオンシーズンとオフシーズンの循環が存在する可能性が考えられます。あらかじめ傾向がわかっていれば、繁忙期には人員を増やしたり、閑散期には逆に人員を減らすなどの対策をとることができます。

図 9.3　月次売上高の年次比較

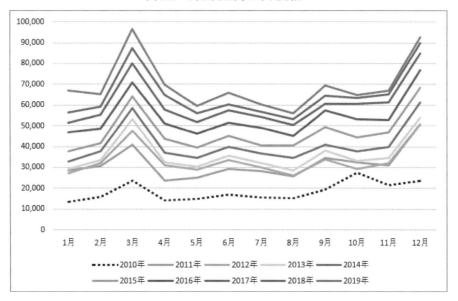

　図 9.4 で示すように、1 年のなかで年度の切り替わり前の 3 月と、年末の 12 月は売上が高く（オンシーズン）、それ以外はオフシーズンというように、売上のパターンが一巡すると仮定すると、12 か月の平均をとることで、オンシーズンとオフシーズンの"ムラ"が平らに均され、相殺されます。また、区間を「12」としていることで、平均する範囲がずれても、範囲内に必ずオンシーズンとオフシーズンが含まれるため、常に 1 年間の"ムラ"が相殺されることになります。

図 9.4　シーズン設定

	オンシーズン		オンシーズン
1–2 月	3 月	4–11 月	12 月
オフシーズン		オフシーズン	

　もし、小売店の日ごとの売上分析を行う場合、一定の区間を 1 週間で考え、［移動平均］ダイアログボックスの［区間］を「7」として移動平均を求めるべきです。それにより繁忙期（日）と閑散期（日）の"ムラ"が相殺されます。

9.4 結果を見る

移動平均の結果を視覚的に示します。図9.5は、最初に示した図9.1の売上高のグラフに移動平均を追加したものです。

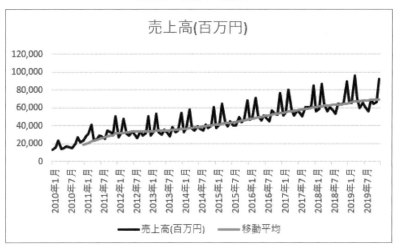

図9.5　移動平均結果

売上高推移の折れ線の上に平滑化された（平らに均された）折れ線が表示されています。移動平均の折れ線を見ると、時間の経過とともに右上がりに上昇しており、継続的に売上高が伸びている様子がわかります。

広告業でもインターネット広告は成長産業であり、売上高は今後も増加する可能性が高いことがデータによって証明できました。また、2010年以降に急にインターネット広告の売上高が上昇しています。この時期には、リーマンショックの不況から回復して企業が積極的に広告投資を行った、あるいは、スマートフォンが爆発的に普及してスマートフォン向けの広告出稿が増加した、などデータから読み取れる傾向の背景にある要因を分析してみるのも面白いでしょう。過去のデータから将来の傾向を予測することによって、ある業界の売上が引き続き上昇する見込みがあるのか、あるいは、今後は衰退していく可能性が高いのか、少なくとも仮説を立てることができます。データに基づいて仮説を立てる習慣を身に付けることで、長期にわたる戦略的な意思決定を、より精度高く、自信を持って行うことができるようになります。

9.5 まとめ

　この章では、移動平均について学習しました。時系列データをながめるだけではわからないデータの動きも、移動平均を用いると理解できるようになります。移動平均とは、一定の区間（期間）を移動しながら平均をとっていくことです。扱うデータによって、たとえば1週間ならば区間は「7」に設定するなど、サイクルが一周する区間の設定は分析によって変えるようにしましょう。

　ビジネスにおいては、移動平均を使って局所的な変動の影響を除外し、データから大局的傾向を読み取ったうえで、戦略的意思決定に活かす能力が求められます。

章末問題

知識問題

1. 移動平均について、次のなかから**正しいもの**を1つ選んでください。
   (1) 移動平均とは、範囲をランダムに移動させながら平均を求めていく手法である。
   (2) 過去に出たサイコロの目のデータについて移動平均を求めることで、次に出るサイコロの目を予測することができる。
   (3) 移動平均とは、変動要因の影響を除いた推移を探り、長期的な傾向を探る手法である。
   (4) 移動平均を求める区間は、0に近ければ近いほど傾向を予測する精度が高くなる。

2. 移動平均は一般的にどのようなデータに対して有効な手法ですか。**もっとも適切なもの**を選んでください。
   (1) テキストデータ
   (2) 時系列データ
   (3) ランダムな性質を持つデータ
   (4) データポイントの少ないデータ

3. 移動平均をExcelのアドイン「分析ツール」を用いて計算する際に、[区間]に入力する値の意味として**正しいもの**を1つ選んでください。
   (1) 平均を計算するデータの最大値
   (2) 平均を計算するデータの最小値
   (3) 平均を計算するデータの最頻値
   (4) 平均を計算する期間の長さ

4. 移動平均を用いた分析の利点として**もっとも適切なもの**を選んでください。
   (1) 短期的な売上の変動を正確に予測できる。
   (2) 短期的な変動の影響を減らし長期的な傾向を把握できる。
   (3) データの合計値を簡単に計算できる。
   (4) データの最小値を特定できる。

操作問題

1. ある業界の2010年から2019年までの売上高をまとめたデータを用いて、6か月間の移動平均を計算し、2019年12月の移動平均に**もっとも近いもの**を選んでください。(操作には、第9章_章末問題.xlsxの「操作問題①」シートを使用します。)
   (1) 92,710
   (2) 69,531
   (3) 68,401
   (4) 45,670

2. ある店舗の売上データを用いて、3日間の移動平均を計算した場合、5月5日の移動平均に**もっとも近いもの**を選んでください。小数点以下は切り捨てとします。（操作には、第9章_章末問題.xlsx の「操作問題②」シートを使用します。）

   (1) 143
   (2) 153
   (3) 163
   (4) 173

3. あるオンラインショップの5月1日〜31日までの注文数に関するデータを用いて、1週間の移動平均を計算し、5月29日の移動平均に**もっとも近いもの**を選んでください。（操作には、第9章_章末問題.xlsx の「操作問題③」シートを使用します。）

   (1) 70.0
   (2) 71.4
   (3) 72.1
   (4) 73.1

第10章 季節調整

Goal
- 季節調整の意味を説明できる。
- 季節指数を求めることができる。
- 季節調整済みのデータを求めることができる。

「先月に比べてお客さんが多くて大変だったよ。今月は落ち着くと思ったんだけどな。」

「曜日による売上の変動はたしかに予測しやすいけど、季節の変動も1年を通じてある程度予測できるんだよ。」

「そうなんだ！ インターネット広告を出すタイミングってわかるものなの？」

「レジャーシーズンは1年のなかで考えると規則的でしょう？ たとえば日曜日は休日だから外出する人が多いことが予測できるのと同じだよ。だから今月は繁忙期並みに忙しいことは予測していたんだ。」

「なるほど！」

「1週間だと曜日、年間だと季節のように、データを見ると一定のサイクルで繰り返されているのがわかるよ。売上は完全には予測できないけどね。」

この会話のように、同じようなパターンが繰り返し発生している場合、その規則性をデータから抽出しておけば、その影響を考慮した対策をとることが可能になります。

10.1 季節調整が何かを知る

第9章では、時系列データについて、移動平均を使ってムラをなくし、平滑化したデータにすることで、数字を追うだけではわからない推移を予測する方法を学習しました。この章では、時系列データに潜む規則的な変動要因の影響の大きさを**季節変動値**として明らかにしていきます。さらに季節変動値を用いて季節による変動要因の影響を排除することで、データの本質を探ります。

10.2 時系列データを用意する

第9章と同様に、経済産業省のオープンデータ「特定サービス産業動態統計調査」からデータを引用します。使用するデータは「クレジットカード業」です。「クレジットカード業」の売上高をもとにして季節変動値を明らかにし、データを分析します。

例として、「クレジットカード業」のなかでも「百貨店・総合スーパー」を取りあげます。表10.1は、対象期間が2010年1月〜2019年12月のデータをクロス表にまとめたものです。

表10.1 クレジットカード業（百貨店・総合スーパー）の売上高推移 (単位：百万円)

	2010年	2011年	2012年	2013年	2014年	2015年	2016年	2017年	2018年	2019年
1月	725,531	770,354	801,886	869,544	935,894	996,064	1,088,390	1,150,762	1,224,483	1,300,990
2月	593,507	646,899	677,482	783,355	784,044	848,979	931,608	990,992	1,051,425	1,134,252
3月	658,562	634,650	734,816	857,132	1,113,947	1,022,155	1,083,559	1,127,573	1,229,252	1,338,064
4月	694,036	676,300	753,823	802,721	838,710	940,312	1,018,174	1,083,577	1,170,746	1,266,574
5月	669,708	699,259	766,915	827,164	877,731	1,004,379	1,067,507	1,122,898	1,189,959	1,309,010
6月	693,447	721,483	755,895	836,216	906,706	968,627	1,041,215	1,083,977	1,182,332	1,288,073
7月	738,127	775,866	803,294	861,841	941,067	1,018,833	1,119,133	1,183,851	1,253,603	1,327,439
8月	664,641	684,315	726,643	789,690	884,152	962,026	1,020,767	1,071,651	1,164,353	1,299,226
9月	663,758	676,777	722,503	792,827	890,646	950,817	1,012,379	1,078,930	1,174,287	1,475,049
10月	706,541	724,894	775,749	841,893	909,298	1,002,656	1,074,257	1,128,658	1,219,873	1,290,801
11月	788,670	783,106	858,070	948,398	1,027,070	1,084,506	1,151,642	1,240,710	1,313,726	1,437,777
12月	850,211	879,720	924,203	1,024,437	1,109,341	1,208,927	1,279,882	1,371,604	1,476,436	1,623,128

(※表の引用元データは、補正などにより後日訂正されることがあります。)

グラフにすると、図10.1のようになります。なお、表10.1のデータからは、図10.1のようなグラフは作成できません。図10.1のグラフを作成する場合は、第9章で説明したようにグラフに表すデータを1列にしてから作成してください。

図 10.1 売上高推移

縦軸は売上高(単位:百万円)を示しており、横軸は年月です。

第 9 章の広告業のグラフと似ていると思ったら鋭いですね。じつはクレジットカード業界も広告業界同様、ある規則的な変動要因(季節要因)の影響を受ける業界です。図 10.1 のグラフからも一定の周期で上下に推移しているのがわかります。

ここから、一定の周期をもつ影響の大きさ(季節変動値)を明らかにし、季節的な影響を受けない時系列データの変化を明らかにしましょう。

10.3　時系列データを整理する

①学習用ファイル「第 10 章 .xlsx」を開き、「第 10 章①」シートを表示します。

②季節変動値を求めるために移動平均を使います。操作方法は第 9 章を参照してください。ここでも同様に区間は「12」としています。

	A	B	C	D	E
1	年月	売上高(百万円)	移動平均		
2	2010年1月	725,531	#N/A		
3	2010年2月	593,507	#N/A		
4	2010年3月	658,562	#N/A		
5	2010年4月	694,036	#N/A		
6	2010年5月	669,708	#N/A		
7	2010年6月	693,447	#N/A		
8	2010年7月	738,127	#N/A		
9	2010年8月	664,641	#N/A		
10	2010年9月	663,758	#N/A		
11	2010年10月	706,541	#N/A		
12	2010年11月	788,670	#N/A		
13	2010年12月	850,211	703,895		
14	2011年1月	770,354	707,630		
15	2011年2月	646,899	712,080		

※移動平均を求めたあとの画面です。

③セル範囲 A1：C121 のデータを選択して折れ線グラフを作成すると、次のようなグラフの変化になることがわかります。

図 10.2　平滑化結果グラフ

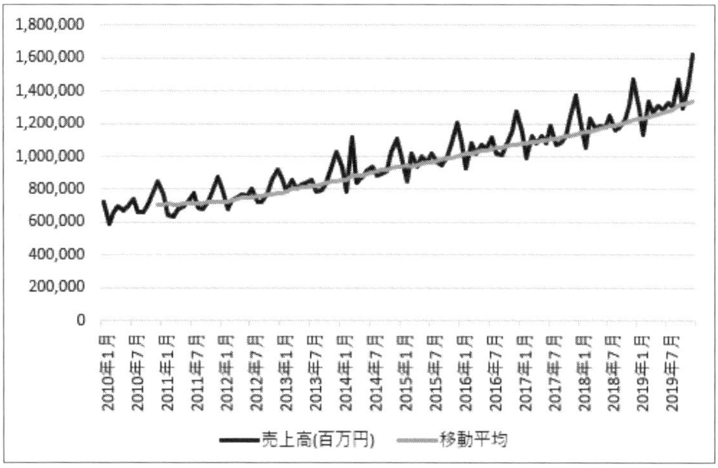

※グラフタイトルは削除しています。

　元のデータはジグザグした波形の線で、緩やかな波形の線は移動平均を使って平滑化したデータの推移です。継続的に成長していることが読み取れます。

10.4　季節変動値を求める

　ここから、季節による変動要因を数値で表現した季節変動値について考えていきます。図10.2 のジグザグの波形の線は元のデータ、つまり季節による変動要因を含む実測値です。列 B を列 C で割ると、各月の売上高がどれほど移動平均値から離れているのか割合を求めることができます。その値が「季節変動値」です。移動平均の隣、列 D に「季節変動値」を求めてみましょう。

①「第 10 章①」シートのセル D1 に「季節変動値」と入力します。

	A	B	C	D	E
1	年月	売上高(百万円)	移動平均	季節変動値	
2	2010年1月	725,531	#N/A		
3	2010年2月	593,507	#N/A		
4	2010年3月	658,562	#N/A		
5	2010年4月	694,036	#N/A		
6	2010年5月	669,708	#N/A		
7	2010年6月	693,447	#N/A		
8	2010年7月	738,127	#N/A		
9	2010年8月	664,641	#N/A		
10	2010年9月	663,758	#N/A		
11	2010年10月	706,541	#N/A		
12	2010年11月	708,679	#N/A		

②「#N/A」が表示されているセルは計算ができませんので、セル D13 を選択し、「=B13/C13」と入力して、[Enter] キーを押します。セル D13 に計算結果が表示されます。ここでの値は「1.207866373」になります。

	A	B	C	D	E
1	年月	売上高(百万円)	移動平均	季節変動値	
2	2010年1月	725,531	#N/A		
3	2010年2月	593,507	#N/A		
4	2010年3月	658,562	#N/A		
5	2010年4月	694,036	#N/A		
6	2010年5月	669,708	#N/A		
7	2010年6月	693,447	#N/A		
8	2010年7月	738,127	#N/A		
9	2010年8月	664,641	#N/A		
10	2010年9月	663,758	#N/A		
11	2010年10月	706,541	#N/A		
12	2010年11月	788,670	#N/A		
13	2010年12月	850,211	703,895	=B13/C13	
14	2011年1月	770,354	707,630		
15	2011年2月	646,899	712,080		

③オートフィルでセル D14 以降にも数式をコピーします。

	A	B	C	D	E
1	年月	売上高(百万円)	移動平均	季節変動値	
2	2010年1月	725,531	#N/A		
3	2010年2月	593,507	#N/A		
4	2010年3月	658,562	#N/A		
5	2010年4月	694,036	#N/A		
6	2010年5月	669,708	#N/A		
7	2010年6月	693,447	#N/A		
8	2010年7月	738,127	#N/A		
9	2010年8月	664,641	#N/A		
10	2010年9月	663,758	#N/A		
11	2010年10月	706,541	#N/A		
12	2010年11月	788,670	#N/A		
13	2010年12月	850,211	703,895	1.207866373	
14	2011年1月	770,354	707,630	1.088639287	
15	2011年2月	646,899	712,080	0.908464575	
16	2011年3月	634,650	710,087	0.893763932	
17	2011年4月	676,300	708,609	0.954405263	
18	2011年5月	699,259	711,071	0.983387862	
19	2011年6月	721,483	713,408	1.011319263	
20	2011年7月	775,866	716,553	1.082775958	
21	2011年8月	684,315	718,192	0.952829941	

これで 2010 年 12 月以降の季節変動値を計算することができました。

10.5 季節変動値を考察する

次に、10.4で求めた季節変動値の月ごとの平均を考えていきます。ふつうの平均ではなく、各月の最大値と最小値を除いたデータで平均をとります。これは、最大値と最小値は大きく上下に振れすぎている値とみなして、大きな変動要因がなさそうなデータで平均をとることで精度を上げるためです。このようにして求めた平均を**トリム平均**といいます。

トリム平均は上位の数%、下位の数%を外れ値として除いたデータを用いて平均を求める手法です。たとえばスポーツやオーディションなど、審査の点数で競う競技ではメジャーな考えかたです。

①学習用ファイル「第10章.xlsx」の「第10章②」シートを開きましょう。10.4の③で計算した2011年1月以降の季節変動値をクロス表にしたものです。実際の計算値は小数点以下が13桁以上ありますが、[ホーム]タブの[小数点以下の表示桁数を減らす]を使用して、小数点第2位までの表示にすると、数値が見やすくなります。

	A	B	C	D	E	F	G	H	I	J	K	L	M
1		季節変動値											
2		1月	2月	3月	4月	5月	6月	7月	8月	9月	10月	11月	12月
3	2011年	1.09	0.91	0.89	0.95	0.98	1.01	1.08	0.95	0.94	1.01	1.09	1.22
4	2012年	1.11	0.93	1.00	1.01	1.02	1.01	1.07	0.96	0.95	1.01	1.11	1.19
5	2013年	1.11	0.99	1.07	1.00	1.02	1.03	1.05	0.96	0.95	1.01	1.12	1.20
6	2014年	1.09	0.91	1.27	0.95	0.99	1.02	1.05	0.97	0.97	0.99	1.11	1.19
7	2015年	1.06	0.90	1.09	0.99	1.05	1.01	1.05	0.99	0.97	1.02	1.09	1.21
8	2016年	1.08	0.92	1.06	0.99	1.03	1.00	1.07	0.97	0.96	1.01	1.08	1.19
9	2017年	1.07	0.91	1.04	0.99	1.02	0.98	1.07	0.96	0.97	1.01	1.10	1.21
10	2018年	1.07	0.92	1.06	1.01	1.02	1.00	1.06	0.98	0.98	1.01	1.08	1.21
11	2019年	1.06	0.92	1.08	1.01	1.04	1.01	1.04	1.01	1.12	0.98	1.08	1.21
12	最大値												
13	最小値												

②次に、各月の最大値、最小値を求めます。最大値を求めるにはMAX関数を使います。セルB12に「=MAX(B3:B11)」と入力して[Enter]キーを押します。2012年と2013年で「1.11」が表示されていますが、実際には、2013年の1.11（1.11373…）が最大値として表示されます。

	A	B	C	D	E	F	G	H
1		季節変動値						
2		1月	2月	3月	4月	5月	6月	7月
3	2011年	1.09	0.91	0.89	0.95	0.98	1.01	1.08
4	2012年	1.11	0.93	1.00	1.01	1.02	1.01	1.07
5	2013年	1.11	0.99	1.07	1.00	1.02	1.03	1.05
6	2014年	1.09	0.91	1.27	0.95	0.99	1.02	1.05
7	2015年	1.06	0.90	1.09	0.99	1.05	1.01	1.05
8	2016年	1.08	0.92	1.06	0.99	1.03	1.00	1.07
9	2017年	1.07	0.91	1.04	0.99	1.02	0.98	1.07
10	2018年	1.07	0.92	1.06	1.01	1.02	1.00	1.06
11	2019年	1.06	0.92	1.08	1.01	1.04	1.01	1.04
12	最大値	=MAX(B3:B11)						
13	最小値							

最小値を求めるには MIN 関数を使います。セル B13 に「=MIN(B3:B11)」と入力して[Enter] キーを押します。2015 年の 1.06（1.05975…）が最小値として表示されます。

	A	B	C	D	E	F	G	H
1					季節変動値			
2		1月	2月	3月	4月	5月	6月	7月
3	2011年	1.09	0.91	0.89	0.95	0.98	1.01	1.08
4	2012年	1.11	0.93	1.00	1.01	1.02	1.01	1.07
5	2013年	1.11	0.99	1.07	1.00	1.02	1.03	1.05
6	2014年	1.09	0.91	1.27	0.95	0.99	1.02	1.05
7	2015年	1.06	0.90	1.09	0.99	1.05	1.01	1.05
8	2016年	1.08	0.92	1.06	0.99	1.03	1.00	1.07
9	2017年	1.07	0.91	1.04	0.99	1.02	0.98	1.07
10	2018年	1.07	0.92	1.06	1.01	1.02	1.00	1.06
11	2019年	1.06	0.92	1.08	1.01	1.04	1.01	1.04
12	最大値	1.11						
13	最小値	=MIN(B3:B11)						
14	トリム平均							

③2月以降についても、オートフィルで横方向に数式をコピーして最大値、最小値を計算します。

	A	B	C	D	E	F	G	H	I	J	K	L	M	N
1							季節変動値							
2		1月	2月	3月	4月	5月	6月	7月	8月	9月	10月	11月	12月	
3	2011年	1.09	0.91	0.89	0.95	0.98	1.01	1.08	0.95	0.94	1.01	1.09	1.22	
4	2012年	1.11	0.93	1.00	1.01	1.02	1.01	1.07	0.96	0.95	1.01	1.11	1.19	
5	2013年	1.11	0.99	1.07	1.00	1.02	1.03	1.05	0.96	0.95	1.01	1.12	1.20	
6	2014年	1.09	0.91	1.27	0.95	0.99	1.02	1.05	0.97	0.97	0.99	1.11	1.19	
7	2015年	1.06	0.90	1.09	0.99	1.05	1.01	1.05	0.99	0.97	1.02	1.09	1.21	
8	2016年	1.08	0.92	1.06	0.99	1.03	1.00	1.07	0.97	0.96	1.01	1.08	1.19	
9	2017年	1.07	0.91	1.04	0.99	1.02	0.98	1.07	0.96	0.97	1.01	1.10	1.21	
10	2018年	1.07	0.92	1.06	1.01	1.02	1.00	1.06	0.98	0.98	1.01	1.08	1.21	
11	2019年	1.06	0.92	1.08	1.01	1.04	1.01	1.04	1.01	1.12	0.98	1.08	1.21	
12	最大値	1.11	0.99	1.27	1.01	1.05	1.03	1.08	1.01	1.12	1.02	1.12	1.22	
13	最小値	1.06	0.90	0.89	0.95	0.98	0.98	1.04	0.95	0.94	0.98	1.08	1.19	
14	トリム平均													
15	補正トリム平均													
16	補正値													
17														

メモ Excelの条件付き書式機能を使うと、最大値と最小値が視覚的にわかりやすくなります。1月のデータのセル範囲B3：B11を範囲選択して、［ホーム］タブの［スタイル］グループにある［条件付き書式］をクリックします。メニューから［上位/下位ルール］をクリックして、［上位10項目］を選択します。［上位10項目］ダイアログボックスが表示されたら「1」を入力し、［OK］をクリックします。（書式は既定のままにしています。）

2013年の値が最大値として、ハイライトされます。
続けて、同様に［条件付き書式］をクリックし、メニューから［上位/下位ルール］をクリックして、［下位10項目］を選択します。［下位10項目］ダイアログボックスが表示されたら「1」を入力し、別の書式（濃い緑の文字、緑の背景）を選んで［OK］をクリックします。2015年の値が最小値として、ハイライトされます。
2月以降のデータにも、書式を反映するため、セル範囲B3：B11を選択した状態で、［ホーム］タブの［クリップボード］グループの［書式のコピー/貼り付け］アイコンをダブルクリックします。

マウスポインターに「刷毛」のマークが表示されていることを確認して、2011年の2月のセルC3をクリックします。続けて、セルD3、E3…M3を順番にクリックすると、2月から12月のデータのそれぞれの最大値と最小値がハイライトされます。セルM3をクリックしたら［Esc］キーを押して、書式のコピー/貼り付けを解除します。手順④以降は、条件付き書式を設定した画面で解説を進めます。

④各月のトリム平均を求めます。

平均の数式は、データの合計÷個数です。データの合計は、最大値と最小値を取り除いた値になるので、2011 年～ 2019 年の値を合計してから最大値と最小値を引き算して求めます。個数は、2011 年～ 2019 年の 9 年から最大値と最小値を除いた 7 件を個数とします。セル B14 を選択し［数式バー］に、「=(SUM(B3:B11)-B12-B13)/7」を入力し、［Enter］キーを押して 1 月の結果を表示します。数式は SUM 関数と四則演算を組み合わせています。カッコの数や位置に注意しましょう。

オートフィルを使って 2 月以降にも数式をコピーします。トリム平均を求めたら、セル N14 にその合計も計算してください。「12.37」になります。

なお、トリム平均を求める範囲のなかに最大値や最小値と同じ数値が複数あった場合、該当するすべての数値を取り除くのではなく、複数ある値のうち 1 つだけを取り除いて平均を求めます。

⑤トリム平均の合計がちょうど「12」になるように補正します。これは移動平均での区間を「12」にしているからです。もし、移動平均を求める際のスパンを「週」で考える場合だと区間は「7」なので、トリム平均の合計値を「7」ちょうどになるように補正します。補正方法は、12 を 12 か月分のトリム平均の合計値で割った値（12 ÷ 12.37 = 0.97）を各月のトリム平均に掛けます。「補正値」としてセル B16 に「=12/N14」の式で算出しておきましょう。

⑥補正値 0.97 を用いて「補正トリム平均」の行に補正した値を求めます。セル B15 を選択したら、［数式バー］に「=B14*$B$16」と入力して［Enter］キーを押します。オー

トフィルで2月以降のセルにも数式をコピーします。補正前のトリム平均の合計値と同じようにして、補正後のトリム平均の合計値を求めてください。合計値が「12」になっていれば正しく補正されています。

以上の作業を行うことにより、すべての月の「季節変動値」について、補正されたトリム平均を算出することができます。

	A	B	C	D	E	F	G	H	I	J	K	L	M	N
1						季節変動値								
2		1月	2月	3月	4月	5月	6月	7月	8月	9月	10月	11月	12月	
3	2011年	1.09	0.91	0.89	0.95	0.98	1.01	1.08	0.95	0.94	1.01	1.09	1.22	
4	2012年	1.11	0.93	1.00	1.01	1.02	1.01	1.07	0.96	0.95	1.01	1.11	1.19	
5	2013年	1.11	0.99	1.07	1.00	1.02	1.03	1.05	0.96	0.95	1.01	1.12	1.20	
6	2014年	1.09	0.91	1.27	0.95	0.99	1.02	1.05	0.97	0.97	0.99	1.11	1.19	
7	2015年	1.06	0.90	1.09	0.99	1.05	1.01	1.05	0.99	0.97	1.02	1.09	1.21	
8	2016年	1.08	0.92	1.06	0.99	1.03	1.00	1.07	0.97	0.96	1.01	1.08	1.19	
9	2017年	1.07	0.91	1.04	0.99	1.02	0.98	1.07	0.96	0.97	1.01	1.10	1.21	
10	2018年	1.07	0.92	1.06	1.01	1.02	1.00	1.06	0.98	0.98	1.01	1.08	1.21	
11	2019年	1.06	0.92	1.08	1.01	1.04	1.01	1.04	1.01	1.12	0.98	1.08	1.21	
12	最大値	1.11	0.99	1.27	1.01	1.05	1.03	1.08	1.01	1.12	1.02	1.12	1.22	
13	最小値	1.06	0.90	0.89	0.95	0.98	0.98	1.04	0.95	0.94	0.98	1.08	1.19	
14	トリム平均	1.08	0.92	1.06	0.99	1.02	1.01	1.06	0.97	0.96	1.01	1.09	1.20	12.37
15	補正トリム平均	1.05	0.89	1.02	0.96	0.99	0.98	1.03	0.94	0.94	0.98	1.06	1.17	12.00
16	補正値	0.97												

10.6 季節指数を考慮して考察する

次にすべき作業はこの季節変動値の影響を排除し、元のデータがどう変化しているのかをより正確に分析することです。そのために、季節変動値の補正トリム平均を「季節指数」として扱い、分析に用いることにします。

季節指数は、統計学や経済学において使用される指標のひとつで、特定の周期内（たとえば、1年間）で特定の期間（たとえば、1か月）の影響の大きさを示すために使用されます。季節指数は、通常は数値で表され、特定の期間の平均（たとえば、月の売上高）を基準とした各期間の比率を示します。これにより、特定の季節性パターンや傾向を把握し、過去のデータをもとに将来の予測や計画を立てる際に役立ちます。

10.5で算出した季節指数（＝季節変動値の補正トリム平均）は以下のとおりでした。これを季節指数として用いて、データを調整します。

表10.2 季節指数（季節変動値の補正トリム平均）

1月	2月	3月	4月	5月	6月	7月	8月	9月	10月	11月	12月
1.05	0.89	1.02	0.96	0.99	0.98	1.03	0.94	0.94	0.98	1.06	1.17

①季節指数を元のデータ（「第10章①」シート）に反映させます。元の売上高データの季節変動値の横に季節指数を繰り返し配置します。セルE1に「季節指数」と入力し、「第10章②」シートのセル範囲B15：M15をコピーして、「第10章①」シートのセルE2を始点に貼り付けます。貼り付ける際には、［ホーム］タブの［貼り付け］ボタンのVをクリックして［形式を選択して貼り付け］を選択し、［形式を選択して貼り付け］ダイアログボックスで［値と数値の書式］と［行/列の入れ替え］にチェックを入れて貼り付けてください。

さらに、セル範囲 E2：E13 をコピーし、セル範囲 E14：E121 に貼り付けます。

	A	B	C	D	E
1	年月	売上高(百万円)	移動平均	季節変動値	季節指数
2	2010年1月	725,531	#N/A		1.05
3	2010年2月	593,507	#N/A		0.89
4	2010年3月	658,562	#N/A		1.02
5	2010年4月	694,036	#N/A		0.96
6	2010年5月	669,708	#N/A		0.99
7	2010年6月	693,447	#N/A		0.98
8	2010年7月	738,127	#N/A		1.03
9	2010年8月	664,641	#N/A		0.94
10	2010年9月	663,758	#N/A		0.94
11	2010年10月	706,541	#N/A		0.98
12	2010年11月	788,670	#N/A		1.06
13	2010年12月	850,211	703,895	1.207866373	1.17
14	2011年1月	770,354	707,630	1.088639287	1.05
15	2011年2月	646,899	712,080	0.908464575	0.89
16	2011年3月	634,650	710,087	0.893763932	1.02
17	2011年4月	676,300	708,609	0.954405263	0.96
18	2011年5月	699,259	711,071	0.983387862	0.99
19	2011年6月	721,483	713,408	1.011319263	0.98
20	2011年7月	775,866	716,553	1.082775958	1.03
21	2011年8月	684,315	718,192	0.952829941	0.94
22	2011年9月	676,777	719,277	0.94091278	0.94
23	2011年10月	724,894	720,807	1.005670731	0.98
24	2011年11月	783,106	720,343	1.087129577	1.06
25	2011年12月	879,720	722,802	1.217096939	1.17
26	2012年1月	801,886	725,430	1.105394677	1.05
27	2012年2月	677,482	727,978	0.930635053	0.89
28	2012年3月	734,816	736,325	0.997950181	1.02
29	2012年4月	753,823	742,786	1.014859492	0.96

②季節調整済みのデータを得るために、元のデータ（売上高）を季節指数で割ります。季節指数で割ることで、元のデータから季節要因による影響を取り除くことができます。まず、セル F1 に「季節調整済データ」と入力します。次にセル F2 を選択し、「=B2/E2」と入力し、[Enter] キーを押して計算結果を表示します。以降のセルもオートフィルで数式をコピーします。

	B	C	D	E	F	G
	売上高(百万円)	移動平均	季節変動値	季節指数	季節調整済データ	
月	725,531	#N/A		1.05	=B2/E2	
月	593,507	#N/A		0.89	667372.4	
月	658,562	#N/A		1.02	642568.3	
月	694,036	#N/A		0.96	721005.0	
月	669,708	#N/A		0.99	676117.5	
月	693,447	#N/A		0.98	708833.6	
月	738,127	#N/A		1.03	718692.7	
月	664,641	#N/A		0.94	706492.0	

結果を見てみましょう。売上高と移動平均、季節調整済データをそれぞれ折れ線グラフに表しました（図 10.3）。縦軸は売上高、横軸は年月と変わりません。黒色の線と灰色の線も先ほどと同様にそれぞれ実測値、移動平均です。季節調整済データは点線で示しています。

図 10.3 実測値と移動平均と季節調整済データ

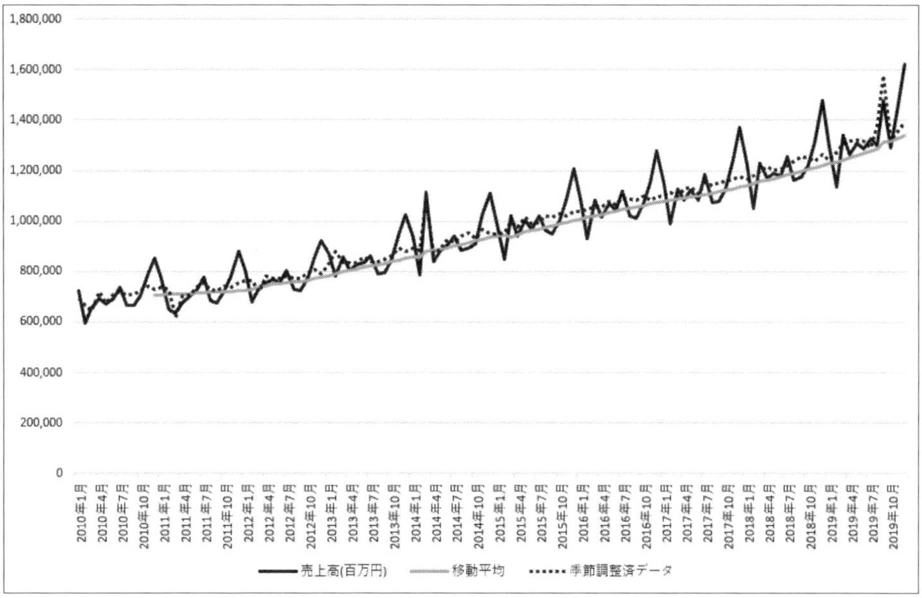

※グラフタイトルは削除しています。

売上高の実測値（黒い実線）を見ると、明らかに上下に振れています。この上下が季節要因の影響によるものなのか、あるいは、何か別の要因によるものなのかは、実測値を眺めるだけではわかりません。季節指数を用いて季節要因の影響を取り除いたデータを同時に眺めることで、季節要因の影響では説明できない、偶発的な売上増加や減少を抽出し、その背後

にどのような原因があったのか詳細に分析することが可能になります。

　売上に影響するおもな要因には、「季節性」、「トレンド性」、「循環性」、「無作為性」などがありますが、今回は「季節性」にスポットをあて、「季節指数」を用いた分析方法を紹介しました。

10.7　まとめ

　この章では、季節調整について学習しました。時系列データの実測値だけではわからない変動要因、ここでは季節性による変動要因に着目してデータを整理しました。基本的な操作は第9章の移動平均と同じですが、そこから季節変動値、季節指数を求め、さらに実測値に季節指数を考慮したデータ（季節調整済データ）を求めました。

　ビジネスの現場においても、繰り返し生じる変化のパターンを把握し、最適な対応をとるために季節調整の考え方が役に立ちます。季節指数を用いることで、特定の期間における季節的な変動や傾向を取り除くことができます。これにより、データに対する季節性の影響を最小限に抑え、より本質的なトレンドやパターンを見出すことができます。また、季節調整されたデータは、異なる期間や地域のデータを直接比較する際にも有用です。

　これらのメリットにより、季節指数を用いた季節調整は、経済分析、販売予測、生産計画などのさまざまな分野で広く活用されています。

章末問題

知識問題

1. 季節調整の説明として、**正しいもの**を1つ選んでください。
   (1) 四季の変化がない地域では、季節調整の分析を行っても効果はない。
   (2) 冬は季節指数が小さくなる傾向がある。
   (3) 時系列データに潜む不規則な変動要因の影響の大きさを季節変動値という。
   (4) 季節調整により、時系列データから規則的な変動要因の影響を排除できる。

2. トリム平均の説明として**正しいもの**を1つ選んでください。
   (1) 季節により計算範囲を移動させながら平均を求めていく。
   (2) 最大値と最小値を除いて平均を求めることで、データ内の極端な値が平均に与える影響を減らすことができる。
   (3) トリム平均を求める範囲のなかに最大値が複数個存在する場合はそれらの最大値すべてを取り除いて計算する。
   (4) トリム平均を補正するときはその合計値を常に「12」にするように補正を行う。

3. 季節指数を用いてデータを調整する計算手順として、**正しいもの**を1つ選んでください。
   (1) 元のデータに季節指数を掛ける。
   (2) 元のデータから季節指数を引く。
   (3) 元のデータを季節指数で割る。
   (4) 元のデータに季節指数を加える。

(操作問題)

1. ある事業の売上高と季節指数のデータがあります。9月の季節調整済みの売上高を計算してください。（操作には、第10章_章末問題.xlsx の「操作問題①」シートを使用します。）

2. ある会社の過去7年間の売上データがあります。次の各問に答えてください。（操作には、第10章_章末問題.xlsx の「操作問題②」シートを使用します。）

   ① 2020年第3四半期の季節変動値の値を求めてください。値は、小数第3位で四捨五入して、小数第2位までの値を求めてください。

   ② 季節指数を求めて、結果について**正しいもの**を1つ選んでください。
      (1) 季節指数が1.0を上回るのは第4四半期のみである。
      (2) 季節指数が1.0を上回るのは第3四半期と第4四半期である。
      (3) 季節指数が1.0を下回るのは第2四半期と第4四半期である。
      (4) 季節指数が1.0を下回るのは第1四半期と第3四半期である。

   ③ 2024年第2四半期の季節調整済データの値として**もっとも近いもの**を選んでください。
      (1) 1,478万円
      (2) 1,925万円
      (3) 1,932万円
      (4) 2,009万円

3 ビジネス仮説検証力 編

第 **11** 章　集計
第 **12** 章　散布図
第 **13** 章　相関分析
第 **14** 章　回帰分析
第 **15** 章　最適化

第11章 集計

Goal
- 仮説視点で、変数を原因と結果に区別できる。
- 質的変数と量的変数を区別できる。
- グループごとに要約ができる。

うちの店に来てくれるお客さまを見ていると、たくさん買ってくださる方と、そうでない方がいるな。

お客さまによって購入金額が、けっこう違いますね。

何かパターンみたいなものがわかれば、対応策を考えられるのに。

POSレジのデータに入っている、顧客情報を活用してみたらどうでしょうか。

この会話のようにビジネスでは、購入金額などの改善したい値に影響を与える要因を特定したいというシーンが多く見られます。ここでは、「集計」という分析方法を学習しましょう。

11.1　2つの変数の関係に着目する

ビジネス活動のなかには、顧客情報が大量に保存されています。このデータをそのまま眺めていても、なかなか傾向はわかりにくいものです。そこで、第1部では、データを要約する方法を学習しました。第11章では、グループごとの要約、つまり**集計**という分析方法を学習します。

具体的な例として、小売店などで販売時に商品名や価格などの情報を記録できるPOSレジのデータを取りあげます。図11.1はデータの抜粋です。ここでは、1行に1回のレジデータとして、支払方法、年代、購入金額がまとめられています。

図11.1　支払方法、年代、購入金額

	A	B	C	D
1	ID	支払方法	年代	購入金額
2	1	電子マネー	10代	1,788
3	2	現金	10代	1,847
4	3	現金	10代	1,664
5	4	電子マネー	10代	1,916
6	5	現金	10代	1,446
7	6	電子マネー	10代	1,427
8	7	現金	10代	1,647
9	8	電子マネー	10代	1,845
10	9	現金	10代	1,710
11	10	電子マネー	10代	1,618
12	11	現金	20代	1,844
13	12	電子マネー	20代	1,327
14	13	電子マネー	20代	1,543

データに含まれる変数を眺め、まずはそれぞれの変数を「原因」と「結果」という視点で確認していきます。このデータに含まれる「支払方法」「年代」「購入金額」の3つの変数は、どういう関係にあるでしょうか。

原因と結果は、「〇〇の値が変わると、△△の値が変わる」という関係で、〇〇が原因、△△が結果と考えられます。今回の例では、「支払方法」と「年代」を原因、「購入金額」を結果として考え、以下の関係を想定します。

・支払方法が異なれば、購入金額が異なる。
・年代が異なれば、購入金額が異なる。

これら2つはそれぞれ原因と結果の関係となりますが、ビジネスではより積極的にこの関係性を具体化していきます。
たとえば、以下のようなものです。

原因	結果
現金のほうが（電子マネーに比べ）	購入金額が多い
年代が低い人ほど（年代が高い人に比べ）	購入金額が多い
（ほかの年代よりも）30代のほうが	購入金額が多い

　なぜ、このように具体化したほうがよいかというと、ビジネスの場合、単に「年代と購入金額に関係がある」ことがわかるだけでは不十分だからです。より具体的に「30代の購入金額が多いから、そこを狙おう」とか「50代の購入金額が少ないから、増やすための施策を考えよう」などといった知見を得ることを期待されます。

　この段階では、まだ図11.1のデータを分析したわけではありませんので、あくまで「こういう関係があるかも」という仮の視点です。そのため、この関係を**仮説**といいます。頭に「仮」と付いていますので、本当にその考え方（関係性）が正しいかどうか確認する必要があります。仮説は、簡単な集計やグラフだけでも検証が可能です。仮説検定という確率的な判断を使った高度な分析手法もありますが、本書では学習しません。ただし、この集計やグラフによる仮説の検証のポイントをつかむことは、今後、仮説検定などの高度な統計手法を学習するうえで大切になります。まずは、集計やグラフでの分析方法をしっかりと理解することが重要です。

　それでは、演習用ファイル「第11章.xlsx」のデータを使って、集計とグラフで行う仮説の検証を学習していきましょう。

11.2　仮説のタイプを確認する

　まず、「現金のほうが、購入金額が多い（支払方法が異なると、購入金額が異なる）」という仮説の検証を行います。ここで確認ですが、原因は「支払方法」、結果が「購入金額」です。以下、それぞれを**原因系変数**、**結果系変数**と呼ぶこととします。

　この原因系変数と結果系変数の組み合わせである「仮説」を検証する前に、確認しておくべきことがあります。それは、変数の種類の確認です。

　変数は、大別すると**質的変数**と**量的変数**に分けられます。より詳細には、質的変数は「名義尺度」と「順序尺度」に、量的変数は「間隔尺度」と「比例尺度」に分けられますが、ここでは、大きく質的変数と量的変数の2つに分けて解説します。

　質的変数とは、その変数に含まれる値が「現金」「電子マネー」というように選択肢（カテゴリー）で区別されているもの（数値ではないもの）です。値がカテゴリーを表しているので、**カテゴリー変数**といわれることもあります。この例の「支払方法」と「年代」は、カテゴリーの値が入力されているので、質的変数です。なお、現金＝1、電子マネー＝2と選択肢が数値（数字）で入力されていても、それは選択肢に番号を振っているだけですので、質的変数になります。1、2と数字で入力された変数が質的変数であるかどうかは、その数字を足したり、掛けたりして意味があるかどうかで判断します。1（現金）＋2（電子マネー）＝3という数式に意味はありませんから、支払方法が質的変数であることは明らかです。

一方、「購入金額」は数値で入力されており、かつ、500円 + 320円 = 820円というように計算することに意味がありますので、質的変数ではなく量的変数になります。

「質的変数＝選択肢（カテゴリー）、量的変数＝計算できる数値」と覚えておけばよいでしょう。

この点を踏まえると、今回の仮説「現金のほうが、購入金額が多い（支払方法が異なると、購入金額が異なる）」は、原因系が質的変数、結果系が量的変数という組み合わせであることがわかります。

なぜ変数のタイプを確認するのかというと、この組み合わせによって、仮説を検証する方法が異なるからです。なお、組み合わせは以下の4タイプしかありませんので、それぞれに対応した集計やグラフを描くことができれば、仮説を検証できるということになります。

タイプ1 原因：質的変数 → 結果：量的変数
タイプ2 原因：質的変数 → 結果：質的変数
タイプ3 原因：量的変数 → 結果：量的変数
タイプ4 原因：量的変数 → 結果：質的変数

第3部「ビジネス仮説検証力」では、タイプ1とタイプ2、そしてタイプ3の仮説を検証する方法を学習します。タイプ4の量的変数から質的変数への影響を想定する仮説については、集計やグラフでは十分な検証が難しく、判別分析やロジスティック回帰など高度な分析を用いることもあるため、本書では取りあげません。まずは、タイプ1から3をしっかりマスターしましょう。

11.3 質的変数（原因）→量的変数（結果）の仮説を検証する

タイプ1の「原因：質的変数→結果：量的変数」の場合、質的変数のカテゴリーごとに、量的変数の要約統計量（平均や標準偏差など）を比較します。ここでは平均を比較してみましょう。この例では、支払方法（現金、電子マネー）ごとに、購入金額の平均を計算することになります。

もし、現金と電子マネーで購入金額の平均が大きく異なれば、「現金のほうが、購入金額が多い、または少ない（支払方法が異なると、購入金額が異なる）」という仮説が正しいといえそうですし、あまり差がなければ、仮説は正しくなさそうだと判断するでしょう。それでは、Excelで選択肢（カテゴリー）ごとの平均を求めてみましょう。ここで使う機能は「ピボットテーブル」です。

①学習用ファイル「第11章.xlsx」を開きます。ファイルが開いたら、セル範囲A1：D71までデータがあることを確認して、セルA1をクリックします。

②［挿入］タブの［テーブル］グループにある［ピボットテーブル］をクリックします。Excelは隣り合うセルにデータがある場合、自動的に範囲を選択する機能があります。

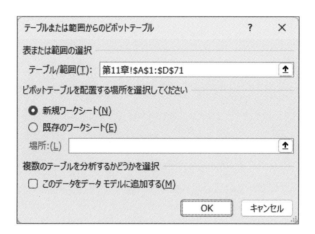

③ ［テーブルまたは範囲からのピボットテーブル］ダイアログボックスが表示されたら、［テーブル / 範囲］に「第 11 章 !$A$1:$D$71」と指定されていることを確認します。ピボットテーブルは新規ワークシートに配置するので、その他の設定は変更せずに［OK］ボタンをクリックします。

なお、先に集計の対象となるデータ範囲を選んでから、［ピボットテーブル］をクリックすると、［テーブル / 範囲］には、選択したデータ範囲が入力されます。1 枚のワークシートに複数の表が存在していたり、集計に使用するデータ範囲が表の一部分だったりする場合は、事前にデータ範囲を選択しておくのが便利です。もちろん、このダイアログボックスが開いてからデータ範囲を指定することもできます。

④次の図のような新しいシートが追加されます。

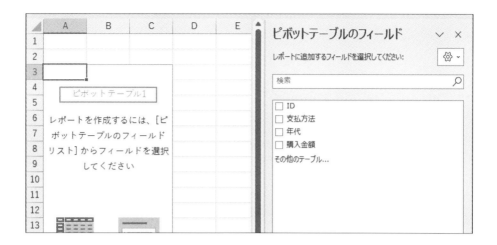

では、ピボットテーブルを使って集計していきましょう。

⑤追加されたシートの右側の［ピボットテーブルのフィールド］作業ウィンドウで、［レポートに追加するフィールドを選択してください］にある［支払方法］を選択して、［行］フィールドにドラッグします。同様に［購入金額］を選択して［値］フィールドにドラッグします。すると、ワークシート上の空欄になっていたエリアに表が作成されます。

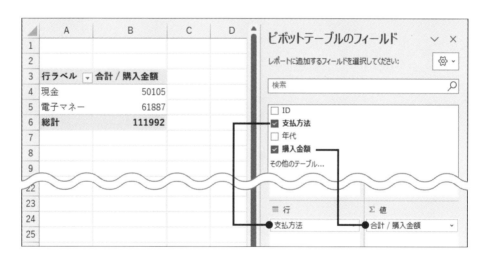

ここで注意が必要です。この結果を見ると、支払方法ごとに、購入金額の「合計」が計算されています。データに含まれる現金のデータ件数と電子マネーのデータ件数が同じとは限りませんので、合計の比較では仮説の検証はできません。データ数の影響を取り除くために、「平均」を用います。そこで、集計の方法を「合計」から「平均」に変更します。

> **メモ** レポートに追加するフィールドを各ボックスにドラッグする操作が難しい場合は、項目を右クリックして、表示されるメニューからフィールドを選択できます。

⑥［ピボットテーブルのフィールド］作業ウィンドウの［値］フィールドを見ると、「合計 / 購入金額」となっていることがわかります。この合計を「平均」に変更します。「合計 / 購入金額」をクリックして、メニューから［値フィールドの設定］を選択します。

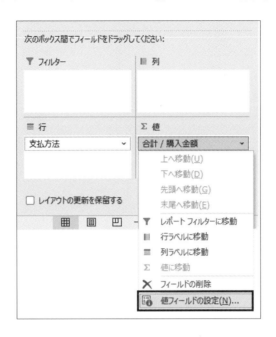

⑦［値フィールドの設定］ダイアログボックスが表示されたら、［集計方法］タブの一覧から［平均］を選び、［OK］ボタンをクリックします。
［集計方法］では、合計、個数、平均、標準偏差などが指定できます。

⑧集計の結果、現金の平均は 1670.167 円、電子マネーの平均は 1547.175 円と約 123 円の差があります。今回、「支払方法によって購入金額が異なる」という仮説を分析しているので、この差が「支払方法によって差がある」といえるかどうかを判断すれば、仮説の検証をしたことになります。（画面では小数第 3 位に表示桁数をそろえています。）

	A	B	C	D
1				
2				
3	行ラベル	平均 / 購入金額		
4	現金	1670.167		
5	電子マネー	1547.175		
6	総計	1599.886		
7				
8				

11.4 仮説の検証に必要な視点を考える

支払方法によって購入金額に差があるといえるのかを考えるときに、ふたつの視点が必要です。

ひとつは、その差が「実務的に意味のある差といえそうか」という視点です。今回は、約123円の差がありましたが、この差を大きいと考えるか、小さいと考えるかは、実務的な判断が必要です。仮に、この店の1人あたりの目標金額が1,600円だとすれば、支払方法が現金の平均のみがこの目標に達していて、意味のある差だということになるかもしれません。また、もし目標金額が1,900円ならどちらの支払方法の平均とも、目標に達していないため、差を考える以前の問題となるかもしれません。

重要なことは、この結果を何に使うのかという点です。したがって、仮説の判断は、その差（傾向）の意味を考えることがもっとも大切といえます。統計学やデータ分析を使う際に、この点を忘れてしまうことがありますので注意してください。

もうひとつは結果の安定性の視点です。「結果の安定性」とは、結果がころころ変わったりしないかという視点です。例をもとに考えてみましょう。

仮に、今回の分析対象が現金2人、電子マネー2人の計4件のデータだとすれば、現金も電子マネーも、2件ずつのデータで平均を計算したことになります。直観的にわかるとおり、この結果は安定性が低いといえます。なぜなら、その2人がたまたまたくさん買う客だったり、逆にまったく買わない客だったりするかもしれないからです。

一方、このデータが現金200人、電子マネー200人ずつのデータだとすれば、200人全員が、たまたまたくさん買う客だということは、ほとんどないでしょう。データ数が多いほうが、そこから得られた平均の値は、実際の平均像に近いと思えるはずです。そこで必要なのは、分析に使ったデータ件数を確認するという視点です。

以上を踏まえ、データ件数を集計してみましょう。11.3の⑥⑦と同じ手順で確認します。⑦では集計方法に［平均］を用いましたが、ここでは［個数］を使います。詳細な手順は示しませんが、データの個数を求めると、図11.2のようになり、現金のデータが30件、電子マネーのデータが40件であったことがわかります。

図11.2 データの個数を求める

	A	B	C	D
1				
2				
3	行ラベル	個数 / 購入金額		
4	現金	30		
5	電子マネー	40		
6	総計	70		
7				
8				

※小数以下の桁数は0にしています。

なお、先ほど触れたとおり、データの個数がどれくらいあれば安定しているといえるのか、そして仮説が成り立っているといえるのかを分析する「仮説検定」については本書では扱いませんが、t検定という仮説検定の手法を使うと、データの個数と差の大きさ、そしてデータのばらつきから、平均に差があるという仮説が成り立っているといえるかどうかを判断できるようになります。

11.5 質的変数（原因）→質的変数（結果）の仮説を検証する

次に、タイプ2の質的変数から質的変数への影響を考えてみましょう。

11.3では支払方法ごとに購入金額の平均を比較しましたが、ここでは平均ではなく、支払方法ごとに購入金額のランクを比較するという方法を考えます。そのために、購入金額のランク分けを行います。

列D「購入金額」のデータをもとに、4つのランク（質的変数）に分ける操作から始めます。この例のように量的な変数は、区間で区切ることで質的変数に変換することができます。購入金額別に複数の質的変数に変換するには、**IFS関数**を使います。IFS（イフス）関数は、複数の条件を順番に判定し、最初に真となる条件に対応する値を返す関数です。以下の式で条件を指定します。

＝IFS(論理式1,値が真の場合1,論理式2,値が真の場合2,論理式3,値が真の場合3,…)

最初に指定した条件（論理式1）を判定し、条件を満たしたら真の値1を返し、最初の条件を満たさなければ、次の条件で検索をするという処理をします。このIFS関数を使って質的変数である「購買ランク」を作成します。なお、区切る基準は、以下のものとします。

ランク	条件
ランクA	2,000円以上の購買
ランクB	1,500円以上の購買
ランクC	1,000円以上の購買
ランクD	1,000円未満の購買

①学習用ファイル「第11章.xlsx」の「第11章」シートを表示して、セルE1に「購買ランク」を入力します。

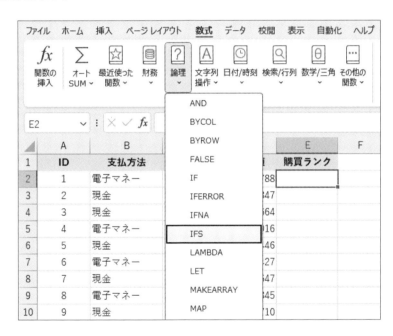

②セルE2を選択して、[数式]タブの[関数ライブラリ]グループの[論理]から[IFS]関数を選択します。

③IFS関数の[関数の引数]ダイアログボックスが表示されたら、次の図のように「論理式1」に「D2>=2000」、「値が真の場合1」に「A」、「論理式2」に「D2>=1500」、「値が真の場合2」に「B」を指定します。

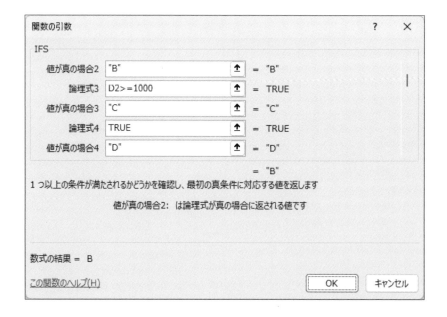

続けて「論理式3」に「D2>=1000」、「値が真の場合3」に「C」を指定します。最後の条件「D」を判定させる場合は、「論理式4」に「TRUE」を入力し、「値が真の場合4」に「D」を指定し［OK］をクリックします。

IFS関数において、いずれの条件にも当てはまらないものを「TRUE」で指定します。この例では、2000円以上の購買は「A」、1500円以上の購買は「B」、1000円以上の購買は「C」、それ以外の1000円に満たない購買は「D」という論理式になります。

それでは操作に戻ります。セルD2の値は1,788円ですので、セルE2にはBが表示されます。

	A	B	C	D	E
	E2		fx	=IFS(D2>=2000,"A",D2>=1500,"B",D2>=1000,"C",TRUE,"D")	

	A	B	C	D	E
1	ID	支払方法	年代	購入金額	購買ランク
2	1	電子マネー	10代	1,788	B
3	2	現金	10代	1,847	
4	3	現金	10代	1,664	
5	4	電子マネー	10代	1,916	
6	5	現金	10代	1,446	
7	6	電子マネー	10代	1,427	
8	7	現金	10代	1,647	
9	8	電子マネー	10代	1,845	
10	9	現金	10代	1,710	
11	10	電子マネー	10代	1,618	
12	11	現金	20代	1,844	
13	12	電子マネー	20代	1,327	
14	13	電子マネー	20代	1,543	
15	14	現金	20代	2,088	

④セル E2 の数式をオートフィルで 71 行目までコピーします。全 70 行（70 人分）の購入金額をランク分けし、質的変数を得ることができました。

	A	B	C	D	E
1	ID	支払方法	年代	購入金額	購買ランク
2	1	電子マネー	10代	1,788	B
3	2	現金	10代	1,847	B
4	3	現金	10代	1,664	B
5	4	電子マネー	10代	1,916	B
6	5	現金	10代	1,446	C
7	6	電子マネー	10代	1,427	C
8	7	現金	10代	1,647	B
9	8	電子マネー	10代	1,845	B
10	9	現金	10代	1,710	B
11	10	電子マネー	10代	1,618	B
12	11	現金	20代	1,844	B
13	12	電子マネー	20代	1,327	C
14	13	電子マネー	20代	1,543	B
15	14	現金	20代	2,088	A
16	15	電子マネー	20代	1,306	C

⑤各ランクに何人の顧客がいるかを集計します。ここでもピボットテーブルを活用します。ピボットテーブルの作成手順は 11.3 の②〜④までを参照してください。

⑥［ピボットテーブルのフィールド］作業ウィンドウの［列］フィールドに「購買ランク」を追加します。ピボットテーブルの表の上側に選択肢が並びます。今回のデータには、1000 円未満の購入金額の顧客（D）がいないため、A から C で表が作成されます。

	A	B	C	D	E	F
1						
2						
3	列ラベル ▼					
4	A	B	C	総計		
5						
6						

⑦［値］フィールドにも「購買ランク」を追加します。すると、自動的に集計方法が「個数」となり、それぞれに該当するデータの個数が表に表示されます。この例では、「70件中Aランクに該当するのは6件だ」という具合に全体傾向を把握できます。

	A	B	C	D	E	F	G
1							
2							
3			列ラベル ▼				
4			A	B	C	総計	
5	個数 / 購買ランク		6	38	26	70	
6							
7							
8							

さて、仮説に戻ります。ここでは、支払方法でランクの分布（構成割合）が異なるのではないかと考え、それを集計し、確認する方法を行います。このように質的変数と質的変数で表をつくり、その度数をカウントする表を「**クロス集計表**」といいます。

⑧⑦で作成したピボットテーブルの［行］フィールドに、「支払方法」を追加します。次の図のように「支払方法×購買ランク」という表が完成し、それぞれの度数を集計することができます。

	A	B	C	D	E	F	G
1							
2							
3	個数 / 購買ランク	列ラベル ▼					
4	行ラベル ▼	A	B	C	総計		
5	現金		4	17	9	30	
6	電子マネー		2	21	17	40	
7	総計		6	38	26	70	
8							
9							

度数の分布を見ると、現金と比較してCランクに電子マネーが多いようにも見えますが、ひとつ注意が必要です。それは、支払方法のデータの個数（現金30件、電子マネー40件）

が異なるということです。たとえば、Bランクは電子マネー21件、現金17件ですが、それぞれ40件と30件で割って、割合で比較しないと、多いか少ないかの判断ができません。そこで、行方向が100%になるようにクロス集計表の計算の種類を変更します。

⑨［値］フィールドの「個数/購買ランク」をクリックします。メニューから［値フィールドの設定］を選択します。

⑩［値フィールドの設定］ダイアログボックスが表示されたら、［計算の種類］タブを選びます。［計算の種類］のVをクリックして、リストから［行集計に対する比率］を選択し［OK］をクリックします。

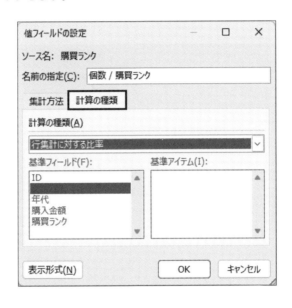

⑪次の図のように横（行方向）が100%になるクロス集計表が完成します。

	A	B	C	D	E	F
1						
2						
3	個数/購買ランク	列ラベル				
4	行ラベル	A	B	C	総計	
5	現金	13.33%	56.67%	30.00%	100.00%	
6	電子マネー	5.00%	52.50%	42.50%	100.00%	
7	総計	8.57%	54.29%	37.14%	100.00%	
8						
9						

これにより、データの個数の違いを加味して比較できます。クロス集計を使って比較をする際には非常に重要なポイントとなりますので、忘れないようにしてください。

この場合、「電子マネーで支払う人は、ランクA（2000円以上）の比率が少なく、ランクC（1000円以上1500円未満）が多く、相対的に少額決済が多い」とか「現金、電子マネー共に、ランクB（1500円以上2000円未満）の人が多い」といった傾向がわかります。

ただし、もう1点注意が必要です。それは、⑧の元の度数の表を見るとわかりますが、度数がとても少ないということです。たとえば、電子マネーのAランクは2人（2÷40＝0.05（5％））ですが、たまたまAランクに1人増えて3人になれば、3÷40＝0.075（7.5％）と数字が大きく変わります。先ほど、平均の値を比較したときにも指摘しましたが、データ件数が少ないと結果の安定性が低くなります。

　本書では、仮説検定という手法までは勉強しませんが、ここでは、データ件数があまりに少ない場合には、仮説が成り立っていると断定するのが難しくなることだけを覚えておいてください。

　ちなみに、クロス集計をグラフにする場合、「100％積み上げ横棒グラフ」を使います。［ピボットテーブル分析］タブにある［ピボットグラフ］をクリックして、［グラフの挿入］ダイアログボックスのなかの［横棒］から［100％積み上げ横棒］を選ぶと、図11.3のようなグラフができます。

図11.3　100％積み上げ横棒グラフ

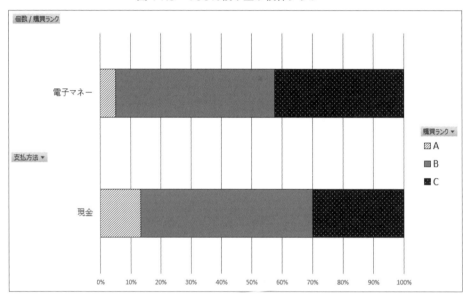

コラム IF 関数でも、4つのランクの結果を求めることができます。IF（イフ）関数は、以下の式で条件を指定します。

= IF（論理式，真の場合，偽の場合）

IF 関数の論理式には判定の条件を指定し、条件を満たせば「真の場合」を返し、満たさなければ「偽の場合」を返します。この例のように、4つのランクの結果を求めるのであれば、偽の場合の引数に IF 関数をネストさせて条件を分岐していきます。
次のような式にすると、IFS 関数と同じ結果を得ることができます。

=IF(D2>=2000,"A",IF(D2>=1500,"B",IF(D2>=1000,"C","D")))

数式の意味は、「= もし（D2 が 2000 円以上の場合、A を表示、そうでない場合は IF 関数で条件を再定義（D2 が 1500 円以上の場合、B を表示、そうでない場合は IF 関数で条件を再々定義（D2 が 1000 円以上の場合、C を表示、そうでない場合 D を表示）））」です。上の式のように、IF 関数の「偽の場合」に IF 関数の論理式を二度定義して、4つのランクに区切ることができます。

11.6 まとめ

この章では、2つの変数の関係に着目し、①支払方法という質的な変数と購入金額という量的な変数との組み合わせ、②支払方法と購買ランクという質的変数同士の組み合わせを分析する方法を学習しました。

平均の比較は、第 1 章で学んだ AVERAGE 関数を使う方法もありますが、複数のグループの平均を一括して求めるにはピボットテーブルを使うのが便利ですので、活用できるようになりましょう。

なお、平均の差やクロス集計によるデータ構成の差から、仮説（支払方法によって購入金額が異なる、または支払方法によって購買ランクの分布が異なる）を検証する場合、単に平均の差や分布の差では判断できない点を押さえておくことが重要です。その差は実務上意味がある差なのか、また、データの個数はどれくらいあるのかという点も確認してください。

ビジネスにおいては、結果系に影響を与える要因（原因系）が何かを確認したいことがあります。その際、集計による比較という方法が有効になります。

章末問題

知識問題

1. 次のなかから、**誤っているもの**を1つ選んでください。
   (1) 性別は、質的変数である。
   (2) 質的変数と質的変数の関係は、クロス集計で確認できる。
   (3) 質的変数のグループごとに量的変数の合計を計算すると関係を確認できる。
   (4) 平均の差や比率の差の判断には、実務的に意味がある差かという視点が重要である。

2. 次の変数のうち、「質的変数」はどれか。**正しいもの**を**2つ**選んでください。
   (1) 10歳刻みで計算した年代
   (2) 年齢
   (3) 価格
   (4) アンケートのYES/NO回答

3. 次のなかから、**誤っているもの**を1つ選んでください。
   (1) 質的変数は、選択肢ごとに連番を振ると、量的変数として扱える。
   (2) 質的変数は、出現頻度や出現割合（構成比率）で要約できる。
   (3) 質的変数の出現傾向をグループごとに比較するには、グループごとのデータ件数の違いを加味する必要がある。
   (4) 質的変数はより詳細には、「名義尺度」と「順序尺度」に分けられる。

4. 次のなかから、**誤っているもの**を1つ選んでください。
   (1) 量的変数の要約には、平均を用いることができる。
   (2) 量的変数を区切ることで、質的変数に変換できる。
   (3) 原因系変数が質的変数で、結果系変数が量的変数の場合、「100％積み上げ横棒グラフ」が有効である。
   (4) 量的変数はより詳細には、「間隔尺度」と「比例尺度」に分けられる。

操作問題

1. 会員カードを持っている人と持っていない人の購買金額をまとめたデータで、それぞれの平均を計算して、その差を求めてください。値は、小数第2位で四捨五入して、小数第1位までの値を求めてください。（操作には、第11章_章末問題.xlsxの「操作問題①」シートを使用します。）

2. 受講コースごとにテストの成績をまとめたデータを使って、それぞれの平均や標準偏差を比較した結果からわかることとして、**もっとも適切なもの**を選んでください。（操作には、第11章_章末問題.xlsxの「操作問題②」シートを使用します。）
   (1) 点数のばらつきはAコースがもっとも小さく、他のコースに比べて、コース内の受講者が平均近くの点数をとっていることがわかる。

(2) 平均点の差が 5 点以上離れている場合に "実務上意味のある差" と判断する場合、A コースと B コース、B コースと C コースの間に意味のある差があると考えることができる。

(3) 結果の安定性を考えるとき、C コースに 100 点の受講者が追加された場合には、平均点が 5 点以上変化してしまう。

(4) 全体の平均点と比較したときに、平均点が小さいのは B コースのみである。

3. 使っている携帯キャリアと属性をまとめたデータからクロス集計表を作成し、属性ごとに携帯キャリアの使用比率を求めたとき、学生の D 社の使用比率（%）を求めてください。値は、小数第 2 位で四捨五入して、小数第 1 位までの値を求めてください。（操作には、第 11 章 _ 章末問題 .xlsx の「操作問題③」シートを使用します。）

4. 使っているテキストとテストの点をまとめたデータがあります。以下のようにテストの点に基づいて成績ランクを分類し、テキストごとに成績ランクの比率を比較したとき、A ランクの比率が**もっとも小さいテキストとその割合（%）**を求めてください。割合は、小数第 2 位で四捨五入して、小数第 1 位までの値を求めてください。（操作には、第 11 章 _ 章末問題 .xlsx の「操作問題④」シートを使用します。）

テストの点	成績ランク
70 ～ 100	A
40 ～ 69	B
0 ～ 39	C

第12章 散布図

Goal
- 量的変数と量的変数の関係を折れ線グラフから確認できる。
- 量的変数と量的変数の関係を散布図から確認できる。
- 複数の散布図を比較できるようになる。

先月は、暑い日とそうでない日があったな。暑いと売れる商品もあるけれど、暑くない日には売れなくなるし、逆に暑くないほうが売れる商品もあるな。

気温によって、買いたいものが違いますからね。

気温と売れ行きの関係がわかれば、気温の週間予測に合わせて仕入れができるかもな。

では、POSレジのデータをもとに分析してみましょうか。

この会話のように、ビジネスでは、気温と売上など量的な変数と量的な変数の関係に着目したい場合があります。折れ線グラフと散布図を使って、この関係を視覚化してみましょう。

12.1 量的変数と量的変数の関係を知る

ビジネスデータで多用されるもののひとつは、「**時系列データ**」です。日々蓄積される時系列データをもとに、ビジネスのヒントを得ようというときがよくあります。今回は、気温と商品の売上金額について分析します。

気温と売上金額はともに量的な変数ですので、量的変数と量的変数の組み合わせを分析することになります。この関係を明らかにするために、まずグラフを使ってみましょう。

ここではPOSレジで記録されたある店舗のデータに、気温を追加した例を使用します。図12.1はこのデータの抜粋です。ある年の7月1日～31日の日ごとのデータで、1行ごとに毎日のレジデータから計算した商品カテゴリ別の売上金額（単位：万円）と、この地域の最高気温のデータが入力されています。

図12.1 商品カテゴリ別の売上金額と最高気温

	A	B	C	D	E	F	G
1							（単位：万円）
2	日付	曜日	最高気温（℃）	アルコール類	肉類	魚類	野菜類
3	7月1日	水	22.4	2.3	17.4	13.1	9.6
4	7月2日	木	25	3.8	15.4	9.9	0.6
5	7月3日	金	23.4	3.1	19.4	16.6	1.1
6	7月4日	土	25.9	4.2	18.5	16.6	10.6
7	7月5日	日	21.9	2.8	15.3	12.6	11.5
8	7月6日	月	21.1	3	18.8	16.7	7.5
9	7月7日	火	24.3	3.7	19.7	10.4	16.4
10	7月8日	水	26.6	3.5	19.9	13.3	0.9
11	7月9日	木	20.4	2.8	18.7	17	11.4
12	7月10日	金	28.9	4	15.7	12.6	2.2
13	7月11日	土	31.3	4.6	18.9	5.1	1.1
14	7月12日	日	32	3.9	17.3	15.7	3.4
15	7月13日	月	34.2	5.5	18.3	5.9	4.4
16	7月14日	火	34.3	3.6	17.3	5.6	2.6

変数の組み合わせを分析する前に、それぞれの変数の基本統計量を見ておきます。すでに学習した関数を使用して、最小値（MIN）と最大値（MAX）、そこから計算される範囲（レンジ）、そして平均（AVERAGE）、標準偏差（STDEV.P）を計算します。次の表12.1はそれをまとめた結果です。

表12.1 各変数の基本統計量

	最高気温	アルコール類	肉類	魚類	野菜類
最小値	20.4	2.3	15.3	3.8	0.5
最大値	35.8	5.7	19.9	17.4	18.5
範囲	15.4	3.4	4.6	13.6	18.0
平均	30.1	4.1	17.7	11.1	7.2
標準偏差	4.7	0.8	1.5	4.0	6.1

この結果から、いくつかのことが見えてきます。

まず、原因系変数と考えられる最高気温ですが、いちばん低かった日は20.4℃で、いちばん高かった日は35.8℃と、同じ7月の期間でも、15.4℃もの差があることがわかります。もしこの範囲が小さければ、気温によって売れるものや売れないものを分析しても、あまり顕著な傾向は出ないかもしれません。

次に、結果系変数と考えられる各カテゴリの売上金額ですが、平均の値を見ると、肉類がいちばん売れていて、続いて魚類、そして野菜類、アルコール類と続きます。また、最小値と最大値を見ると、野菜類は極端に売れない日があるのに対して、肉類は範囲（レンジ）が狭いという傾向も見られます。

変数間の関係を分析する前に、だいたいのところだけでも全体の傾向を見ておくことは分析の大切なポイントです。

12.2　量的変数と量的変数の関係をグラフ化する(1)：折れ線グラフ

それでは、気温とそれぞれのカテゴリの売上金額との関係をグラフ化します。量的変数同士の関係を分析するには、散布図を使用する方法がありますが、時系列データの場合、散布図を描く前に、折れ線グラフを作成しておきます。

最高気温とアルコール類の売上金額の関係を図12.2のような折れ線グラフで表してみます。

図12.2　最高気温とアルコール類の売上金額（折れ線グラフ）

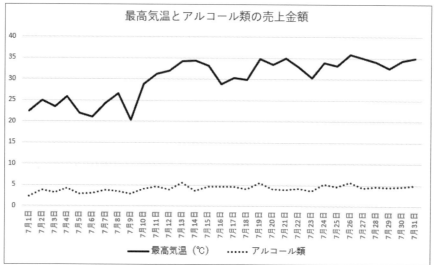

このグラフでは、アルコール類が横ばいであるのに対して、最高気温は日が進むにつれて上昇する傾向があり、両者に関係がないように見えるかもしれません。ただし、注意が必要です。2つの変数の単位が異なるため、値が小さいアルコール類の動きが小さく見えているかもしれないからです。そこで最高気温を表すY軸と、アルコール類の売上金額を表すY軸をそれぞれ左側と右側に分けたグラフ（2軸グラフ）を作成します。

①学習用ファイル「第12章.xlsx」を開き、「第12章①」シートを表示します。

②「日付」データが含まれるセル範囲A2：A33と「最高気温」のデータが含まれるセル範囲C2：C33、「アルコール類」のセル範囲D2：D33を選択します。離れた列のデータを選択する場合は、最初に「日付」のデータを選んだあと、［Ctrl］キーを押しながら「最高気温」と「アルコール類」のデータであるセル範囲C2：D33を選択します。

③［挿入］タブの［グラフ］グループにある［折れ線/面グラフの挿入］をクリックします。［2-D折れ線］に分類されている［折れ線］を選択します。

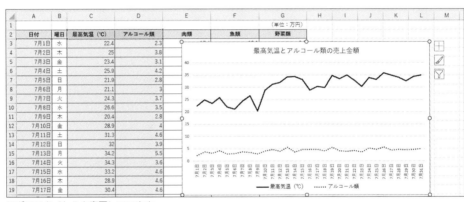

※グラフタイトルを変更しています。

④右側に「アルコール類」のY軸を表示します。グラフ上のアルコール類の系列を選択します。系列上で右クリックし、［データ系列の書式設定］を選択します。

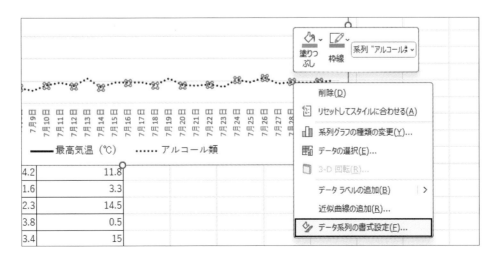

⑤［データ系列の書式設定］作業ウィンドウが右側に表示されたら、［系列のオプション］の［使用する軸］で［第2軸］を選択します。

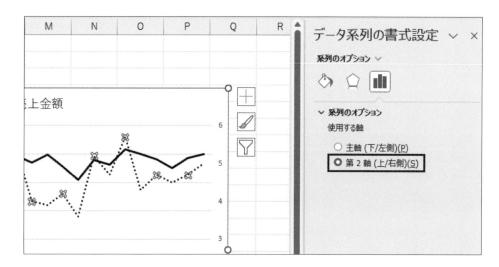

⑥最高気温は左側のY軸を、アルコール類の売上金額は右側のY軸の数値を使用した折れ線グラフが作成できます。こうなると、最高気温とアルコール類の売上金額には、関連がありそうにも見えます。

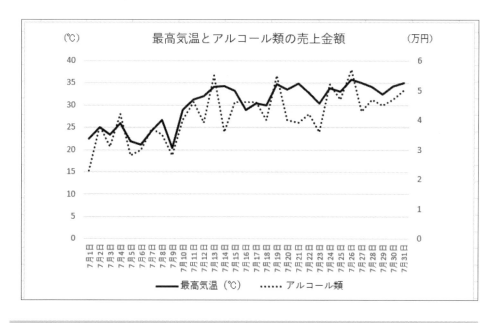

> **メモ** この例のように、左右のY軸が示す数値の単位が異なる場合は、軸ラベルを追加すると、それぞれのY軸の単位が明確になります。

12.3　量的変数と量的変数の関係をグラフ化する(2)：散布図

　12.2では、時系列データだったので折れ線グラフを使った検討を行いましたが、量的変数間の関係を知るためには、散布図を用いるとさらに見えてくることがあります。それでは、散布図を作成しましょう。

①学習用ファイル「第12章.xlsx」の「第12章②」シートを表示します。

②散布図を作成する「最高気温」と「アルコール類」のデータであるセル範囲C2：D33を選択します。選ぶ範囲は縦軸（Y軸）と横軸（X軸）ですので、2列を選ぶことになります。Excelでは、選んだ左側の列を横軸に、右側の列を縦軸にした散布図が作成されます。

③［挿入］タブの［グラフ］グループから［散布図（X, Y）またはバブルチャートの挿入］をクリックします。［散布図］に分類されている［散布図］を選択します。

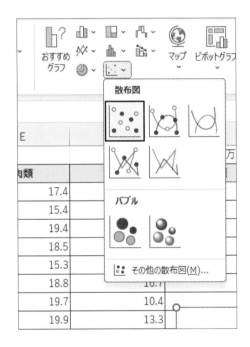

④次の図のような散布図が作成されます。この図を見ると、折れ線グラフよりも、最高気温（横軸）とアルコール類の売上金額（縦軸）との間に、「最高気温が高い日ほど、アルコール類の売上金額が多い」という関係がありそうなことがわかります。

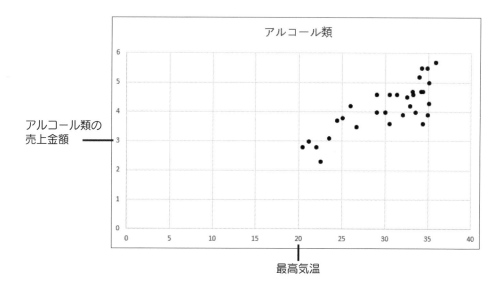

● 12.3.1　散布図の傾向を理解する

散布図を作成したときに重要な点は、X（横軸）の値が変化したときに、Y（縦軸）の値がどのように変化するかというパターン（傾向）を把握することにあります。以下、いくつか散布図の例を見てみましょう。

図 12.3　散布図の例

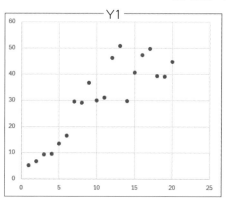
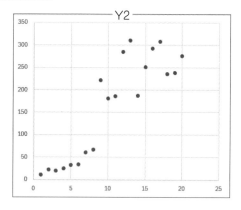
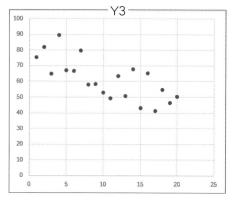
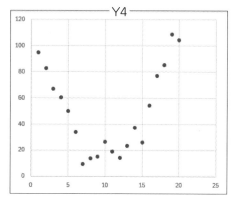

Y1とY2の散布図は、Xが増えるとYも増えるという、右肩上がりの傾向（正の相関関係）が見られます。相関関係の詳細については、第13章で学習しますので、ここでは同じ方向に連動していることがわかれば大丈夫です。さて、Y2の散布図を改めてみると、全体としては右肩上がりの傾向ではあるものの、Y1と比べると、Xの値が小さいとき（8以下のとき）とXの値が大きいとき（9以上のとき）とでは、異なる傾向があるように見えます。散布図を見る際には、このように全体を俯瞰して、全体的な傾向だけではなく、区間ごとに異なる傾向があるかどうかといった視点も重要になります。

　一方、Y3の散布図は、Xが増えるとYは減るという、右肩下がりの傾向（負の相関関係）が見られます。このように散布図からは、XとYの連動する方向（右肩上がりか右肩下がりか）を確認できます。

　最後に、Y4の散布図は、Xの値が10前後を境に傾向が変わっていることがわかります。Y1からY3のように、必ずしも右肩上がりや右肩下がりという一方向の傾向だけではなく、Xのある値を境に傾向が変わることがあります。こういった傾向の変化を確認せず、相関係数などを計算すると判断ミスをしてしまうことがあります。

　散布図の活用で重要な点は、全体の傾向やパターンを把握することです。相関係数などの統計量を計算する前に「視覚的に傾向を把握する」ことで、変数間の関連性（関係性）の理解が深まったり、判断ミスを防いだりすることができます。

● 12.3.2　散布図を複製する

　それでは、先ほどのデータで肉類、魚類、野菜類についても同様に散布図を作成します。その際、散布図は同じ大きさで同じ縦横の比率で描くと比較しやすいですが、ひとつずつ散布図を作成すると、サイズなどを調整するのが難しくなります。そこで、以下のような手順を踏むと同じ形のグラフを簡単につくることができます。ここでは散布図を例にあげましたが、棒グラフ、折れ線グラフなどにも利用できる方法です。

Step1：元となるグラフを作成する

　タイトルの有無やドットの形や色などを加工するときは、この段階で調整しておきます。ここでは、次の図のように、横軸の最小値や単位を変更して、軸ラベルを表示しました。

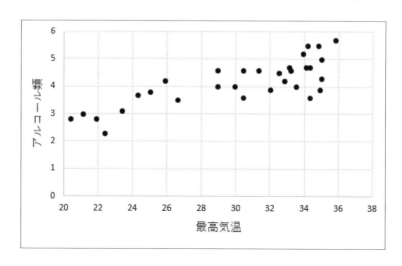

Step2：この散布図を必要な分だけ、コピーして並べる

コピーして並べることで、同じデザインのグラフを用意することができます。ここでは、肉類、魚類、野菜類の散布図を作成するため、複製を 3 つ用意しました。

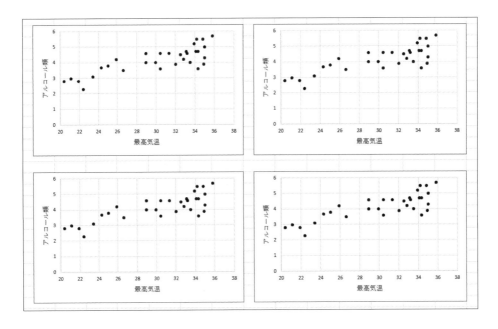

Step3：複製したグラフのデータ系列を変更する

修正したいグラフをクリックすると、そのグラフに使用しているデータのセル範囲が紫（横軸用）と青（縦軸用）にハイライトされます。青にハイライトされた線上をポイントして肉類などのデータ範囲にドラッグすると、データ系列を変更した散布図が完成します。あとは、どの系列のグラフか判別しやすくするため、縦軸ラベルを入力しなおすと、次の図のような結果が得られます。

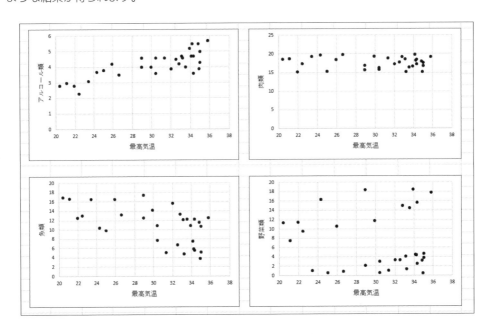

散布図を見ると、次のようなことが見てとれます。

- 最高気温が高い日ほど、アルコール類の売上金額が増える。
- 最高気温が変わっても、肉類の売上金額はあまり変化しない。
- 最高気温が高い日ほど、魚類の売上金額は減っている。
- 最高気温が変わっても、野菜類の売上金額に何らかの傾向は見られない。ただし、野菜類が多く売れる日とあまり売れない日の2群に分かれているように見える。

12.4 まとめ

ビジネスにおいては量的変数間の関係を分析する場面が多くありますが、散布図を使えば視覚的にその関係を確認できます。

今回の分析の目的が、最高気温から影響を受ける商品カテゴリの特定であったとすると、アルコール類にはプラスの影響が、魚類にはマイナスの影響があったということがわかります。ただし、傾向がないということも、ビジネス上は意味のある結果ということがあります。

たとえば、肉類は最高気温の変化からあまり影響を受けていないように見えます。これは、気温の変化以外の要因で売上が影響を受けている可能性がある、もしくはこの季節において、気温に影響を受けない安定した商品であるという可能性もあります。

さらに野菜類では、全体として最高気温の変化から影響を受けていないようですが2群に分かれているように見え、もしこの2群を分ける要因を特定できれば、それぞれの状況では、最高気温の変化から影響を受けるという傾向が見られるかもしれません。

これからさらなる分析を続けていくことになりますが、この章のまとめとして、散布図を使う際の注意点を確認しておきましょう。図12.4は、最高気温とアルコール類の売上金額との散布図において、縦軸の目盛りだけを変えた場合の比較です。

図12.4 最高気温とアルコール類の売上金額（縦軸の目盛り変更）

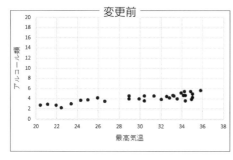
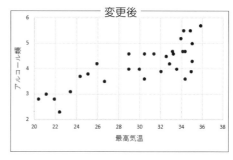

同じデータから作成した散布図にも関わらず、見た目の印象では右の散布図のほうが、最高気温の変化からアルコール類の売上金額への影響が強そうに見えるのではないでしょうか。

このような関係性のグラフは、軸の設定などのデザインによって受ける印象が異なるという特徴があります。したがって、これらの関係性をより客観的に評価するための統計指標の併用が望まれることになります。その一例として第13章では「相関係数」を学習していきます。

章 末 問 題

知識問題

1. 次のなかから、**誤ったもの**を1つ選んでください。
   (1) 折れ線グラフを使うと、時系列データでの量的変数と量的変数の関係を把握しやすくなる。
   (2) 散布図を使うと、質的変数と質的変数の関係を把握しやすくなる。
   (3) 折れ線グラフや散布図で関係性を比較するときは、軸の目盛りの単位や数字の大きさを気にすることが大切である。
   (4) グラフによる関係性の把握は、グラフの見た目に左右されることを意識して活用する必要がある。

2. 散布図について、次のなかから、**誤った説明**を1つ選んでください。
   (1) 散布図は、量的変数間の関係を把握するのに役立つ。
   (2) 散布図では、全体的な傾向だけではなく、区間ごとに異なる傾向があるかどうかといった視点も重要になる。
   (3) 散布図では、直線的な関係以外の関連性も確認できる。
   (4) 散布図では、縦軸と横軸の目盛りを同じ幅にそろえなければならない。

操作問題

1. データ（第12章_章末問題.xlsx の「操作問題①」シート）を使用して、最高気温とビールの売上本数との関係を表す散布図を作成します。次のなかから**正しいもの**を1つ選んでください。

(1)
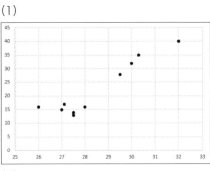

(2)
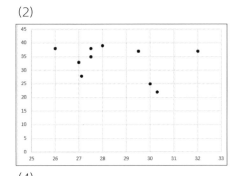

(3)
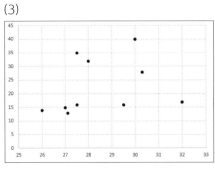

(4)
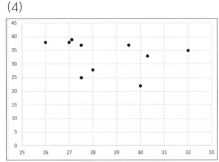

2. データ（第 12 章 _ 章末問題 .xlsx の「操作問題②」シート）を使用して、最高気温と来店客数の関係をみるための折れ線グラフを作成してください。ただし、Y 軸は左側と右側に分け、2 軸グラフにします。グラフの結果から、どのような傾向が読み取れるか、次のなかから**正しいもの**を**すべて**選んでください。
   (1) 最高気温が高い日には来店客数が少なくなる傾向がある。
   (2) 最高気温が高い日には来店客数が多くなる傾向がある。
   (3) 最高気温のレンジは来店客数のレンジよりも大きい。
   (4) このデータを散布図にした場合、右肩下がりの傾向になることが想定される。

3. データ（第 12 章 _ 章末問題 .xlsx の「操作問題③」シート）を使用して、最高気温と「来店客一人あたりのビールの売上本数」との関係を表す散布図を作成してください。

4. データ（第 12 章 _ 章末問題 .xlsx の「操作問題④」シート）を使用して、最高気温と来店客数との関係を表す散布図を**平日のデータのみ**で作成してください。

第13章 相関分析

Goal
- 相関分析によって、量的変数と量的変数の関係性を判断できる。
- 散布図の傾向と相関係数の大きさを対応づけられるようになる。
- 統計学的な相関と一般的な意味での相関の違いがわかるようになる。

散布図を使った気温と売上のグラフを見ると、たしかに関係がありそうに見えるな。

これがわかると、気温が高くなりそうな日に売り出したい商品がわかりますね。

でも、散布図だとグラフを見る人によって判断が異なるし、グラフのデザインによっても結果が異なるんじゃないか？

では、関係性を客観的に表す方法を探してみます。

この会話のように、グラフはとても便利な反面、見る側の感覚に左右される部分があるため、それを補うためにさまざまな統計指標が利用されます。ここでは、相関分析を学んでいきましょう。

13.1　相関関係を確認する

12章では、折れ線グラフや散布図を使って、量的変数と量的変数との関係を視覚的に確認する分析方法を学習しました。この章では、それを客観的に判断する指標として、「相関分析」という方法を学習します。

まず、相関とは何かについて説明します。**相関**とは読んで字のごとく「相手との関係」を表す指標です。日常で「相関がある」という言葉を使うときには、2つの物事の間（2変数間）に関係があることを意味しますが、統計学ではもう少し限定的な意味で用いられるので注意が必要です。ここからは、統計学における相関の意味を学習します。

なお、相関を確かめる指標（**相関係数**）はひとつではありませんが、統計学で相関係数といった場合は、ほぼ**ピアソンの積率相関係数**を表します。Excelでも関数を用いて相関係数を計算すると、ピアソンの積率相関係数が求められます。以降の解説で、とくに断りなく「相関係数」と使うときは、ピアソンの積率相関係数を指すことにします。

13.2　相関係数（ピアソンの積率相関係数）とは何かを知る

統計学で相関といった場合、それは2変数間の直線関係の程度を表します。たとえば、図13.1のように、「最高気温」と「最高気温」というように同じ変数で散布図を作成したとします。この場合、完全に直線上に点が乗ることになります。

図 13.1　同じ変数同士の散布図

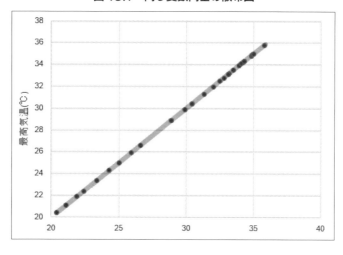

つまり、この状態は「2つの変数の関係が完全に直線関係にある」ことを示しています。このような「直線関係の度合い」を数値化したものが相関係数です。

具体的に計算してみます。Excelでは **CORREL 関数**を用います。CORREL（コーレル）

関数とは、2つのデータ間の相関係数を求める関数です。

図 13.2 のように、最高気温と最高気温が入力されていたとします。

図 13.2　CORREL 関数の例

	A	B	C	D	E	F	G	H
1	月日	曜日	最高気温(℃)	最高気温(℃)				
2	7月1日	水	22.4	22.4			1	
3	7月2日	木	25	25				
4	7月3日	金	23.4	23.4				
5	7月4日	土	25.9	25.9				
6	7月5日	日	21.9	21.9				
7	7月6日	月	21.1	21.1				
8	7月7日	火	24.3	24.3				
9	7月8日	水	26.6	26.6				
10	7月9日	木	20.4	20.4				
11	7月10日	金	28.9	28.9				
12	7月11日	土	31.3	31.3				
13	7月12日	日	32	32				
14	7月13日	月	34.2	34.2				
15	7月14日	火	34.3	34.3				
16	7月15日	水	33.2	33.2				

（G2セル：=CORREL(C2:C32,D2:D32)）

CORREL 関数では次のような式を入力します。

＝CORREL（変数 1 のセル範囲，変数 2 のセル範囲）

注意しなければならないのは、2 つの変数のデータの個数を同じにしなければならない点です。この例では、セル G2 に以下のように入力しました。

＝CORREL（C2:C32,D2:D32）

計算の結果として、1 が求められます。つまり、2 つの変数の直線関係の程度は 1 ということになります。なお、Excel では、相関係数を計算する方法として、もうひとつ **PEARSON 関数**があります。PEARSON（ピアソン）関数も、2 つのデータ間の（ピアソンの積率）相関係数を求める関数です。この 2 つは、同じ結果が計算されますが、本書では CORREL 関数を使用します。

もし、図 13.3 のような散布図になるデータがあったとすると、ほとんど直線関係が見られないため、相関は 0 に近い値（図 13.3 のデータで相関係数を計算すると 0.0067）になります。

図 13.3 直線関係がほとんどない散布図

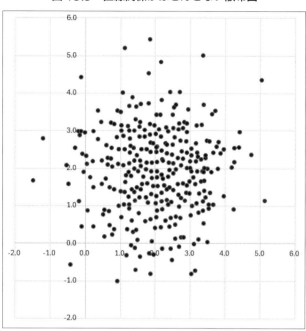

このように相関係数は 0 から 1 の範囲で直線関係の程度を表します。なお、直線関係には、右肩上がり（2 つの変数が同じ方向に動く：正の相関）の関係と、右肩下がり（2 つの変数が逆方向に動く：負の相関）の関係があります。

右肩上がり（正の相関）の関係は、図 13.4 の左側の散布図のように、横軸の値が大きくなると、縦軸の値も大きくなるような関係が見られます。それに対して、右肩下がり（負の相関）の関係は、右側の散布図のように、横軸の値が大きくなると、縦軸の値が小さくなるような逆方向に連動している関係が見られます。

図 13.4 正の相関と負の相関

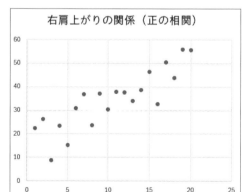
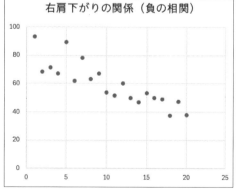

直線関係には、右肩上がりと右肩下がりの場合がありますが、相関の分析でもその違いがわかるようにするため、右肩上がりの「正の相関」と、右肩下がりの「負の相関」に分けて考えます。相関係数を計算すると、正の相関の場合は＋の値、負の相関の場合は－の値で求

められるため、符号によって区別します。たとえば、相関係数が+1ならば右肩上がりの完全な直線関係で、-1ならば、右肩下がりの完全な直線関係になります。つまり、相関係数は-1から+1の間の値をとることになります。一般的に「+」の記号は省略されるので、相関係数は、-1から1の値で表記されます。

なお、いくつ以上なら相関関係があるのかという明確な基準はありません。直線関係の強さの判断は、分析のテーマや分析者によって異なるためです。一般的には次のような区分で判断することが多いですが、あくまで目安であり、唯一の基準ではありません。

- 絶対値 0.7 以上　　　　　　強い相関がある（強い直線関係がある）
- 絶対値 0.4 以上 0.7 未満　　相関がある（直線関係がある）
- 絶対値 0.2 以上 0.4 未満　　弱い相関がある（弱い直線関係がある）
- 絶対値 0.2 未満　　　　　　ほとんど相関がない（ほとんど直線関係がない）

> **メモ**　「絶対値」とは±の符号を取り除いた値のことで、+0.7と-0.7はともに絶対値は0.7となります。

ビジネスにおいて、相関係数を扱う場合には、相関関係＝直線関係ということを知らない人が結果を読む可能性があります。そのため、相関というよりは「直線関係」と表現し、「2つの変数には、直線関係（相関）がある」とするほうが、誤解が少なくなります。図13.5に4つの相関係数の値とそれに対応するデータの散布図をまとめました。どれくらいの傾向がどれくらいの相関係数の値になるかを把握しておくことも重要ですので、確認しておきましょう。

図13.5　相関係数の違いによる散布図

相関係数 0.9 の散布図　　　　　　　　相関係数 0.6 の散布図

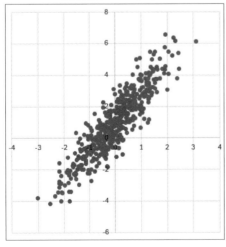
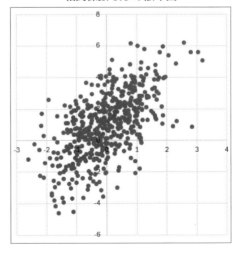

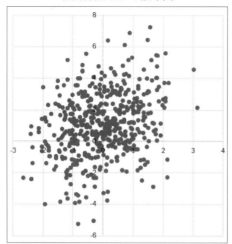
相関係数 0.3 の散布図

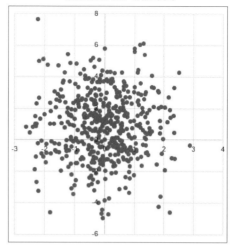
相関係数 0.0 の散布図

13.3 分析ツールを使用して相関係数を計算する

相関係数を求める方法として、CORREL 関数を学習しましたが、変数の数が増えると、変数の組み合わせの数も増え、ひとつずつ関数で入力していくと手間がかかります。ここでは、Excel の分析ツールを使用して相関係数を計算する方法を確認しましょう。第 12 章でも使用した最高気温と商品カテゴリ別の売上金額のデータを使います。なお、Excel に分析ツールを追加する方法は第 5 章ですでに学習していますので、ここでは分析ツールが追加されていることを前提に解説を進めます。

①学習用ファイル「第 13 章 .xlsx」を開き、「第 13 章①」シートを表示します。

②［データ］タブの［分析］グループから［データ分析］をクリックします。

③［データ分析］ダイアログボックスが表示されたら、一覧から［相関］を選択して［OK］ボタンをクリックします。

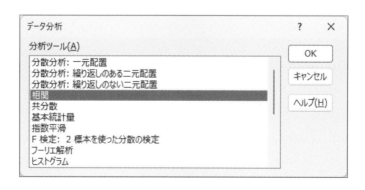

④［相関］ダイアログボックスが表示されたら、入力範囲にセル範囲 C2：G33 を指定します。

2 行目は変数名なので、［先頭行をラベルとして使用］にチェックを入れます。出力オプションは既定のまま（新規ワークシート）にして［OK］ボタンをクリックします。

⑤新しいワークシートに次のような結果が出力されます。（小数点以下の桁数を 3 桁に揃えています。）

	A	B	C	D	E	F
1		最高気温(°C)	アルコール類	肉類	魚類	野菜類
2	最高気温(°C)	1.000				
3	アルコール類	0.799	1.000			
4	肉類	-0.086	0.055	1.000		
5	魚類	-0.563	-0.349	0.294	1.000	
6	野菜類	-0.075	0.096	0.228	0.448	1.000

このように分析ツールを使うと、複数の変数の相関係数を一括して出力することができます。なお、手間はかかりますが、それぞれの組み合わせで CORREL 関数を使用しても同じ値を求めることができます。

それでは、結果を確認していきます。相関係数と直線関係を比較するために、第 12 章で作成した散布図を再掲しておきます（図 13.6）。

図 13.6　商品カテゴリ別の売上金額と最高気温の散布図

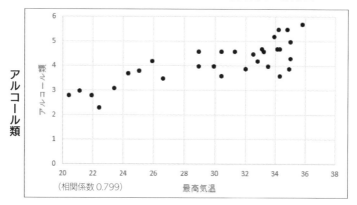

アルコール類
（相関係数 0.799）

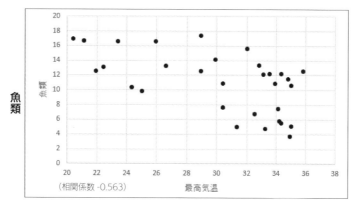

魚類
（相関係数 -0.563）

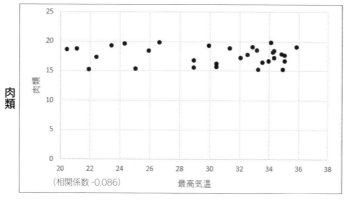

肉類
（相関係数 -0.086）

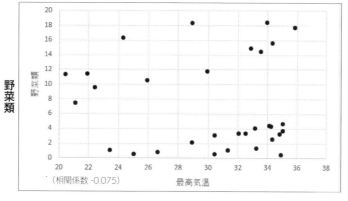

野菜類
（相関係数 -0.075）

分析結果では、最高気温とアルコール類の相関係数は 0.799 と強い相関関係（直線関係）と確認できます。図 13.6 の散布図でも、直線に近いものが見られます。

　一方、最高気温と魚類は−0.563 とマイナスの値になっているため、右肩下がりの傾向とわかります。ただし、絶対値の比較からわかるように、最高気温とアルコール類ほどの強い直線関係ではなく、散布図からもその傾向が見て取れます。

　肉類、野菜類の散布図からは、最高気温が上がっても、売上金額が増えたり減ったりという関係があまり見られないため、相関係数もそれぞれ−0.086 と−0.075 という 0 に近い値になっています。

　相関係数の値は、グラフのデザインを変えても変わらないため、見た目にまどわされない客観的な指標といえます。

　このように直線関係によって 2 変数の関係を確認したい場合には、散布図と相関係数の値を確認して分析することになります。

13.4　「相関がない＝関係性がない」ではない

　相関係数（ピアソンの積率相関係数）が、直線関係の度合いを表していることはすでに説明しました。相関係数の値が 0 に近く、直線関係は（あまり）ないという結論になっても、変数の間に関係性（関連性）がないとはいえないことに注意が必要です。

　学習用ファイル「第 13 章 .xlsx」の「第 13 章②」シートのデータをもとに、散布図を作成すると図 13.7 のようになります。

図 13.7　散布図（気温と商品 A の売上）

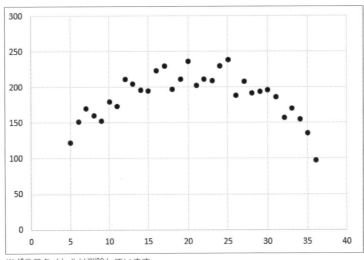

※グラフタイトルは削除しています。

　この散布図を見ると、気温が高くなると商品 A の売上は高くなるものの、ある気温以上になると、かえって売上が低くなるという山なりの傾向がわかるでしょう。

　しかしこのデータで相関係数を計算すると、−0.05 という結果になります。この結果から、最高気温と商品 A の売上の関係には直線関係は見られないといえても、「関係性がない」とまでは断定できません。明らかに、山型の傾向があるためです。

重要なのは、相関係数はあくまでも変数の直線関係を見ているのであって、関係性全般（いろいろな関係の形）まで判断できる指標ではないということです。

　なお、図13.7のようなデータの場合、区間を切って相関係数を計算することもできます。たとえば、図13.8のように区間を分ければ、それぞれの直線関係が見られます。このように相関分析を行う場合には、区間を区切る工夫も有効です。

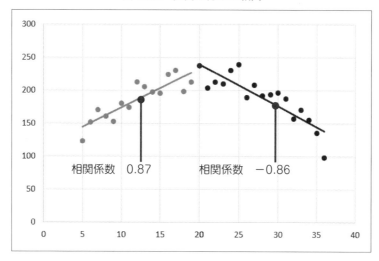

図 13.8　区間を分けた相関

13.5　「相関がある＝因果関係がある」ではない

　もうひとつ重要なのは、データ分析では、関係があるから因果関係（原因と結果の関係）があるとは限らないという点です。

　たとえば、学習用データでは、最高気温とアルコール類の売上の相関係数は、0.799と強い相関関係が見られました。このことから、最高気温が高くなれば（原因）、アルコール類が売れる（結果）という因果関係が想定できそうですが、その逆は成り立ちません。アルコール類の売上が増えれば、その日の最高気温が高くなるということはありえないからです。つまり、関係性はあっても、因果関係の判断にはそれ以外の情報（理屈）が必要だということになります。データ分析や統計学の分析では、しばしば関係性の分析を行いますので、この点に気をつけてください。

　さらに押さえておくべきポイントは、「**疑似相関**」という視点です。たとえば、次のようなケースを考えてみます。

　日々の売上データを分析したところ、アイスクリームの売上が多い日は、ビールの売上も多いという関係があり、相関係数も0.9という強い相関関係が見られたとします。この関係から、アイスクリームが売れるとビールが売れるとして、アイスクリームの売上がビールの売上を説明する原因になりうると考えていいでしょうか。アイスクリームがビールのおつまみになるのだとすれば、この関係は成り立つかもしれませんが、それは、あまりに不自然な仮定です。アイスクリームの売上がビールの売上を説明するというよりは、背景に共通要因があると考えたほうが自然ではないでしょうか。

つまり、背景に「暑い日かどうか」という共通要因があり、「暑いからアイスクリームが売れる」と「暑いからビールが売れる」の関係から「暑いから、アイスクリームやビールが売れた」ということになり、これら2つの売上に相関関係が見られたということがありえます。

このように、背景の共通要因から、2つの変数に因果関係があるように見える場合を「疑似相関がある」といいます。疑似相関がありそうな場合、2つの変数に直接的な関係があると解釈してしまうとおかしな結果（アイスクリームをつまみにビールを飲むというような結果）を導いてしまう可能性があるので、注意が必要です。

13.6 まとめ

ここまで散布図と相関係数から直線傾向の分析を行ってきました。もし、直線関係があるとすれば、さらにどのような分析ができるでしょうか。ビジネスにおいては、単に「関係が見られる」では十分ではないことがあります。直線関係があるのであれば、原因の値が動いたときに、結果がどれくらい動くのかといったことを知りたい場合があります。

これらの点を分析する方法として、次の章で回帰分析という分析方法について学習していきましょう。

章末問題

【知識問題】

1. 次のなかから、**誤っているもの**を1つ選んでください。
   (1) 相関係数を使うと、直線関係の強さを確認できる。
   (2) 相関係数は、0から1の間の値をとる。
   (3) 相関係数が＋なら、右肩上がりの直線関係が見られる。
   (4) 相関係数が－なら、右肩下がりの直線関係が見られる。

2. 次のなかから、**正しいもの**を1つ選んでください。
   (1) 相関係数の絶対値が1に近ければ、2つの変数に因果関係があるといえる。
   (2) 相関係数の絶対値が0に近ければ、ほとんど相関がない（ほとんど直線関係がない）。
   (3) 相関係数の絶対値が1を超えると、かなり強い直線関係が見られる。
   (4) 相関係数の絶対値が0の場合、2つの変数に関係性（関連性）はない。

3. 次のなかから、相関係数を求めるExcelの関数として**正しいもの**を**2つ**選んでください。
   (1) PEARSON関数
   (2) VAR.P関数
   (3) CORREL関数
   (4) COVARIANCE.P関数

4. 次のなかから、**誤っているもの**を 1 つ選んでください。
   (1) 相関係数の絶対値が大きい場合でも、疑似相関の可能性は検討すべきである。
   (2) 相関係数を求める前に、散布図での傾向を確認することは有効である。
   (3) 相関係数は因果関係の強さを示す統計量である。
   (4) Excel の分析ツールで求める相関係数は、ピアソンの積率相関係数である。

(操作問題)

1. データ（第 13 章 _ 章末問題 .xlsx の「操作問題①」シート）から、最高気温とビールの売上本数の相関係数を求めてください。小数第 3 位で四捨五入して、小数第 2 位までの値を求めてください。

2. データ（第 13 章 _ 章末問題 .xlsx の「操作問題②」シート）から、各組み合わせの相関係数を計算したとき、もっとも直線関係が強い組み合わせを選んでください。
   (1) 最高気温と来店客数
   (2) 最高気温と商品 A の売上
   (3) 最高気温と商品 B の売上
   (4) 最高気温と商品 C の売上

3. データ（第 13 章 _ 章末問題 .xlsx の「操作問題③」シート）から、**平日のデータのみ**で最高気温と来店客数の相関係数を計算してください。小数第 3 位で四捨五入して、小数第 2 位までの値を求めてください。

4. データ（第 13 章 _ 章末問題 .xlsx の「操作問題④」シート）から、各組み合わせの相関係数を計算し、**もっとも直線関係が強い組み合わせとその相関係数**を答えてください。小数第 3 位で四捨五入して、小数第 2 位までの値を求めてください。

第14章 回帰分析

Goal
- 回帰分析によって、直線関係を回帰式として表すことができる。
- 傾きの検討で、原因からの影響の大きさを検討できる。
- R-2乗値を使って、原因の説明力を検討できる。

価格付けによって、売れる日と売れない日があるのは経験的にわかっているが、いくら値下げをすると、どれくらい売上個数が増えるのか分析できないか？

価格と売上個数の関係を分析するということですね。

5月のデータがあるので、分析してみてくれ。

承知しました。

この会話のように、売上個数と価格との関係を具体化する場合、回帰分析を使うことができます。第12章と第13章では散布図や相関係数から量的変数と量的変数の直線傾向を分析する方法を学習しました。本章では、価格という量的変数と売上個数という量的変数のデータをもとに、回帰分析について学習していきましょう。

14.1　直線関係を詳しく調べる

図14.1のように列Aに日付、列Bに価格、列Cに売上個数というデータがあったとします。まず、価格と売上個数に関係がありそうか、散布図を使って確認します。

図14.1　価格と売上個数

	A	B	C	D
1	日付	価格(円)	売上個数	
2	5月1日	168	18	
3	5月2日	168	24	
4	5月3日	208	12	
5	5月4日	208	9	
6	5月5日	198	11	
7	5月6日	198	18	
8	5月7日	198	20	
9	5月8日	168	23	
10	5月9日	168	17	
11	5月10日	208	18	
12	5月11日	208	11	
13	5月12日	198	12	
14	5月13日	198	15	
15	5月14日	198	19	
16	5月15日	168	19	
17	5月16日	168	21	
18	5月17日	208	15	
19	5月18日	208	9	
20	5月19日	198	16	
21	5月20日	198	16	
22	5月21日	198	11	

データ間に相関だけではなく、因果関係を想定する場合には、散布図の横軸に原因となる変数（この場合「価格」）、縦軸に結果となる変数（この場合「売上個数」）を指定します。この組み合わせを、横軸に売上個数、縦軸に価格と逆にしないように注意しましょう。

図14.2が作成した散布図で、横軸の境界値の最小値を150に変更しています。散布図からは、価格が高い日ほど売上個数は少なく、価格が安い日ほど売上個数が多くなる傾向になっていて、右肩下がりの傾向となっていることが読み取れます。

相関係数を求めると、−0.72（小数第2位までの値）となり、強い負の相関関係（右肩下がり）があることになります。

図 14.2 散布図（売上個数）

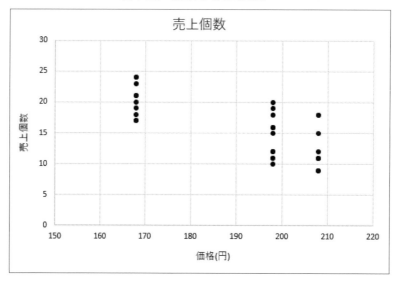

　せっかく直線関係が見られるわけですから、散布図に直線傾向を示す直線をあてはめてみます。第 12 章の復習で、散布図の作成から始めましょう。

①学習用ファイル「第 14 章 .xlsx」を開き、「第 14 章①」シートを表示します。

②「価格」と「売上個数」のデータであるセル範囲 B1：C32 を選択します。

③［挿入］タブの［グラフ］グループから［散布図（X, Y）またはバブルチャートの挿入］をクリックします。［散布図］に分類されている［散布図］を選択します。（横軸の境界値の最小値を「150」、最大値を「220」に変更します。）

④散布図の点のうち、どれか 1 つをクリックして、続けて右クリックします。

⑤表示されたメニューから［近似曲線の追加］をクリックします。

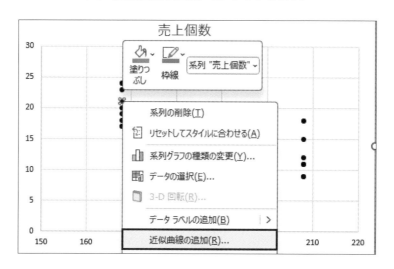

⑥[近似曲線の書式設定]作業ウィンドウが表示されたら、[近似曲線のオプション]の[線形近似]をクリックします。線形とは、「直線」だと理解しておきましょう。そして、[グラフに数式を表示する]にチェックを入れます。

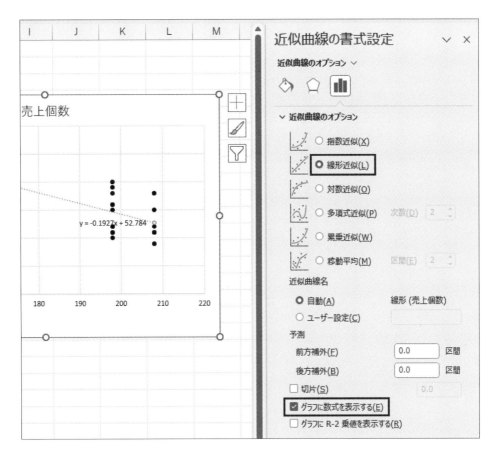

⑦散布図に直線と数式が追記されます。

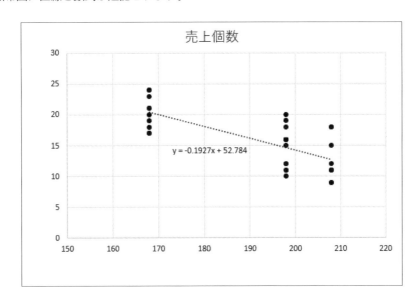

この数式は以下の考え方で求められています。

まず、直線を引いてみて、その直線と実際の点のずれ（縦方向のずれ）を計算します。このずれはデータの個数ぶん計算できますので、ずれの合計がいちばん小さくなるような線を探していき、ずれ（実際には、ずれの2乗）の合計がいちばん小さい結果となる直線を、あてはまりのよい直線とみなして特定するという方法です。この方法を「**最小二乗法**」といいます。縦軸は結果、横軸は原因で散布図を描くと説明したのは、次のように得られる式が、y（縦軸の値）＝ax（横軸の値）＋bといった直線の式にするためです。

この直線の式について確認していきましょう。中学時代に習う単元に、一次関数というものがありました。そこでy＝ax＋bという直線の式を学習します。この式のxは、原因系の変数を示しています。今回の例では、「価格が変わると、売上個数が増えたり、減ったりする」という関係を想定していますので、x（原因系変数）は「価格」です。

それに対して、価格が変わって影響を受けるのは「売上個数」ですので、こちらがy（結果系変数）ということになります。つまり、以下のような式になります。

$$売上個数＝a×価格＋b$$

14.2　y＝ax＋bの「a」とは何かを理解する

みなさんが中学生の頃、aはグラフの「傾き」と習ったと思います。傾きの意味は、「価格（x）が1動くとaのぶんだけ、売上個数（y）が変化する」ということです。つまり、傾きaは「xからyへの影響の大きさ」を表しています。

では、実際の値を見てみましょう。散布図に追加された式は、以下のとおりです（小数第2位に四捨五入してあります）。

$$y＝-0.19x＋52.78$$

この式のxが価格で、yが売上個数を表します。つまり、価格と売上個数の関係性が「売上個数＝-0.19×価格＋52.78」という式で表現されてます。この式を**回帰式**といいます。この式は、価格が1円上がると、売上個数が0.19個減ることを意味しています。このような関係式を求める手法を「**回帰分析**」といいます。

相関係数との関係を見てみましょう。相関係数とは、2つの変数の関係が直線的かどうかと、その関係が右肩上がりか右肩下がりかを知る指標でした。

この例では、相関係数が-0.72でしたから直線関係があり、傾向は右肩下がりというところまではわかりました。しかし、価格を1円上げたり下げたりしたときの、売上個数の変化のしかたまではわかりません。

それに対して、回帰分析によって「売上個数＝-0.19×価格＋52.78」という具体的な式を求めれば、価格が1円上がったときに売上個数が0.19個減るという、右肩下がりの関係を把握できることになります。

ビジネスにおいては、2つの変数に関係があるか否かを分析するだけでは、不十分なこと

もあります。回帰分析の結果のように、具体的に原因（価格）が変わると、結果（売上個数）にどれくらいの影響があるかを特定できれば、目標達成のためにどうすればよいか、情報提供や提案ができるようになります。

　たとえば、売上個数を10個増やしたいと考えた場合、価格1円の変化と売上個数0.19個の変化が対応していることから、売上個数10個の変化が何円分になるかを求めればよいことになります。つまり、10÷0.19≒52.6となり、約53円変化（今回の目的の場合は値下げ）させれば目的を達成できることになります。

14.3　y＝ax＋bの「b」とは何かを理解する

　14.2で「a」は傾きということを学習しました。では、「b」とはなんでしょうか。中学では「切片」と習ったと思います。数学的には、「xに0を入れたときのyの値」と解説されますが、わかりにくい説明です。簡単にいえば、bはベース得点で、予測をするときに使います。

　たとえば、この店が商品を200円で売ったとすると、いくつ売れると予測できるでしょうか。以下のように価格（x）に200円を入れてみます。

$$（y）＝-0.19（x）＋52.78　\rightarrow　売上個数＝-0.19×200円＋52.78$$

　計算の結果は、14.78（個）となり、約15個売れると予想されることになります。この予測値（14.78）は、52.78個という基準（ベース得点）に対して、-0.19×200＝-38を加えたもの（マイナスなので38個を引いたもの）となるわけです。つまり、b（切片）とは、yを求める際のベースとなる得点ということになります。

　回帰分析によって得られた回帰式を用いると、以下の2つの考察を行うことができます。

1. a（傾き）の値で「原因から結果への影響の大きさ」がわかる。
2. 式（y＝ax＋b）のxに値を代入することでyの値の予測ができる。

14.4 どれくらい説明できるか確認する

散布図（図14.3）を改めて確認してみましょう。

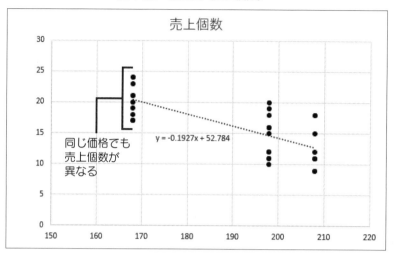

図14.3 散布図（売上個数）

同じ価格で売っていても、売上個数は多い日もあれば少ない日もあることがわかります。たとえば、168円で売っていた日は7日ありますが、売上個数は上下にばらついています。ということは、xに168円を入れても、必ずしもあたらないということになります。実際のビジネスを考えても当然なことで、売上個数は価格だけで説明（予測）できるわけではなく、その日の天気や気温、チラシの有無など、さまざまな要因から影響を受けるはずです。

ただし、価格で予測できる範囲が大きければ、点のばらつきは小さくなり、逆に価格では売上個数を説明できないとすれば、もっとばらつきは大きくなるはずです。そこで、「価格によってどのくらい売上個数の上下の動きを説明できるのか」を知りたいときに使うのが「**R-2乗値**」（**決定係数**）という値です。

14.1の操作手順⑥で、散布図に近似曲線を追加した際のオプションに、[グラフにR-2乗値を表示する] という項目（図14.4）があります。これにチェックを入れると、散布図にR-2乗値、つまりx（価格）でy（売上個数）を説明できる程度を追加することができます。図14.5は、オプションを設定した結果です。

図14.4 R-2乗値のオプション

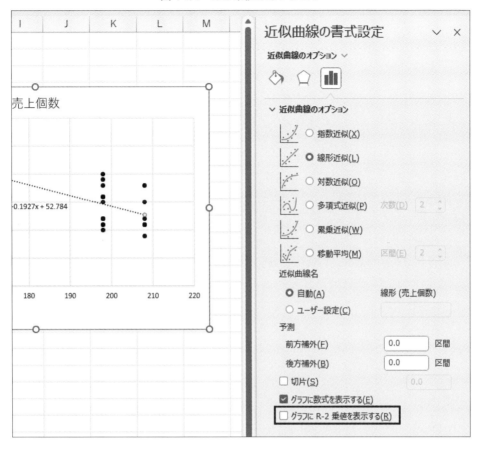

図14.5 オプション設定後の散布図

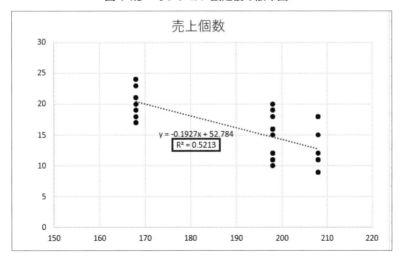

　R-2乗値（表示は「R^2」）は約0.52となりました。この値の読みかたは以下のとおりです。
　R-2乗値は、予測（近似曲線）と実際の値が完全に一致、つまりxを代入すると完全にyの値を予測できる場合、1になります（100%説明できるという意味）。それに対して、予測と実際の値がずれていくと、いずれまったく説明できていない状態になります。その場

合、R-2乗値は0になります。

　したがって、R-2乗値は0から1の間の値をとります。この例では、約0.52ですから、価格で売上個数の上下（動き）のおよそ52%を説明できるということになります。また、残りの約48%は別の要因の影響があることを示しています。

　R-2乗値は、いくつ以上でなければならないというものではありません。もちろん、1に近いほど、その分析に使ったx（価格）での予測精度は高くなります。ただし、ビジネスにおいては、ある原因だけで予測したいという目的以外に、その原因で結果をどれくらい説明できるのかを知りたいこともあり、R-2乗値が1に近くなくても、「ああ、このぐらいの説明力があるのか」と知ることができる点で、意味があります。

14.5　分析ツールで回帰分析を行う

　本書の学習範囲では、原因系がひとつだけの回帰分析を設定しています。散布図へ近似曲線を追加する方法で回帰分析を行えますが、より高度な分析では、原因となる変数を2つ以上にしたり、それぞれの原因からの影響を統計学的に検証（仮説検証）したりします。そのような場合には、分析ツールの「回帰分析」を使用します。

　本書では、原因となる変数はひとつですが、分析ツールの使いかたもマスターしておきましょう。同時に、簡単に予測値を計算する方法として**残差**という機能についても説明します。

①学習用ファイル「第14章.xlsx」を開き、「第14章②」シートを表示します。

②［データ］タブの［分析］グループから［データ分析］をクリックします。

③［データ分析］ダイアログボックスの分析ツールの一覧から［回帰分析］を選択して［OK］ボタンをクリックします。

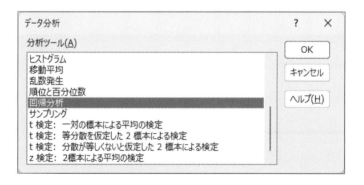

④［回帰分析］ダイアログボックスが表示されます。このダイアログボックスで指定するのは、4か所です。まず、［入力Y範囲］には、売上個数のデータであるセル範囲C1：C32を指定します。次に［入力X範囲］には、価格のデータであるセル範囲B1：B32を指定します。さらに変数名を含んだデータを指定したので、［ラベル］にチェックを入れます。最後に［残差］セクションにある［残差］にチェックを入れて、［OK］ボタンをクリックします（出力オプションは、既定のままとします）。

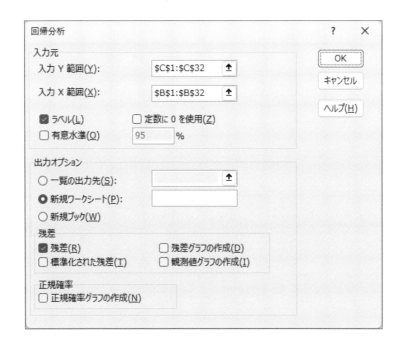

なお、変数名を含んだデータを選択した状態で、[ラベル]にチェックを入れずに回帰分析を実行すると、図14.6のようなエラーが表示されるので注意しましょう。

図 14.6　エラーメッセージ画面

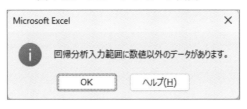

⑤一部の結果データは、小数第2位までの表示形式に変更しています。

分析された結果には、散布図に近似曲線を追加した回帰分析の結果よりも、詳細な結果が表示されています。

	A	B	C	D	E	F
1	概要					
2						
3		回帰統計				
4	重相関 R	0.72				
5	重決定 R2	0.52	← R-2 乗値			
6	補正 R2	0.50				
7	標準誤差	3.16				
8	観測数	31				
9						
10	分散分析表		b(切片)			
11		自由度	変動	分散	観測された分散比	有意 F
12	回帰	1	314.7750773	314.7750773	31.57594952	4.54787E-06
13	残差	29	289.0958904	9.968823807		
14	合計	30	603.8709677			
15						
16		係数	標準誤差	t	P-値	下限 95%
17	切片	52.78	6.58	8.02	0.00	39.32
18	価格(円)	-0.19	0.03	-5.62	0.00	-0.26
19						
20			a(傾き)			
21						
22	残差出力					
23						
24	観測値	予測値: 売上個数	残差			
25	1	20.4109589	-2.410958904			
26	2	20.4109589	3.589041096			
27	3	12.70319635	-0.703196347			
28	4	12.70319635	-3.703196347			

この結果から次の3つを見ていきます。

1. 式（y＝ax＋b）の形

散布図で得られた式のa（傾き）とb（切片）は、セルB18とセルB17にそれぞれ出力されています。「係数」という欄が該当します。a（傾き）が－0.19、b（切片）が52.78となっており、散布図に追加した近似曲線の式と同じ値になっていることがわかります。

2. R-2 乗値

分析ツールの出力では「**重決定R2**」という名前が付いており、セルB5に出力されています。値は0.52と、これも近似曲線にR-2乗値を追加したものと同じ値が得られています。

3. 残差出力の欄

これは近似曲線の追加では得られなかった結果です。この例では、24行目から出力されており、得られる結果は「予測値」と「残差」です。予測値は、分析に使ったデータ（この場合、5月1日〜5月31日までの31行）の価格（x）の各値を、求めた式（売上個数（y）＝－0.19×価格（x）＋52.78）にあてはめて得た結果です。つまり、その価格ならいくつ売れるか予測した値です。それに対して、残差は実際の値と予測の差を計算した値です。

使いかたはさまざまですが、重要な見方のひとつとして、残差の大きなケース（日）を確認してみるというものがあります。今回、売上個数を価格で説明することを試みましたが、ずれが大きい日（残差の絶対値が大きい日）は、それ以外の要因が強く影響していた可能性があることを示しています。このように、ずれが大きい日を確認し、その日に何があったかを検討すれば、価格以外の影響要因を探すためのヒントを得られるでしょう。

14.6 まとめ

第14章では、回帰分析の基礎を学びました。ビジネスにおける回帰分析では、原因系変数 x を複数にした重回帰分析が多用されますが、まずは x がひとつの回帰分析（単回帰分析）をマスターすることが重要です。重回帰分析については、上位レベルの試験に対応した「Excel で学ぶ実践ビジネスデータ分析」で学習します。

本書の範囲では、単回帰分析に留まりますが、これらの結果からシミュレーションするという方法も有効です。第15章では、原因となる変数がひとつのままで、さらに高度な知見を得る方法について、学んでいきましょう。

章末問題

知識問題

1. 次のなかから、**誤っているもの**を1つ選んでください。
   (1) 回帰分析を使うと、原因（x）と結果（y）の直線関係を回帰式という形で数式化できる。
   (2) 回帰式の傾き（a）は、原因xが動いたときのyへの影響を表している。
   (3) R-2乗値（決定係数）は、−1から+1の値をとる。
   (4) 回帰式にxの値を入れると、yの予測値が計算できる。

2. 次のなかから、**誤っているもの**を1つ選んでください。
   (1) 回帰式 y＝ax＋b の「b」は切片といい、予測の際のベース得点となる。
   (2) 回帰式の傾き（a）は、必ず＋の値をとる。
   (3) R-2乗値（決定係数）は、xの値の変化によって説明できるyの変化の割合を示している。
   (4) R-2乗値（決定係数）は、1に近いほど説明力が高い。

3. 次のなかから、**誤っているもの**を1つ選んでください。
   (1) 回帰分析を想定する散布図では、縦軸に原因となる変数、横軸に結果となる変数を採用する。
   (2) 散布図に近似曲線を追加する際、回帰式も求めることができる。
   (3) 散布図に近似曲線を追加する際、オプションで、「線形近似」を選択すると、直線の回帰式を求めることができる。
   (4) 散布図に近似曲線を追加する際、R-2乗値（決定係数）も求めることができる。

4. 次のなかから、**誤っているもの**を1つ選んでください。
   (1) 分析ツール「回帰分析」の出力結果で、R-2乗値（決定係数）は「重決定R2」として出力される。
   (2) 分析ツール［回帰分析］ダイアログボックスの［入力Y範囲］には、原因系となる変数を指定する。
   (3) 分析ツール「回帰分析」では「残差」を求めることができる。
   (4) 回帰分析の残差とは、実際の値と予測の差を計算した値である。

操作問題

1. 販売価格と売上個数のデータ（第14章_章末問題.xlsxの「操作問題①」シート）をもとに回帰分析を行い、価格が1円下がったときに、売上個数がいくつ増えるか計算してください。小数第3位で四捨五入して、小数第2位までの値を求めてください。

2. データ（第14章_章末問題.xlsxの「操作問題②」シート）において、Yを売上個数、Xを価格とした回帰分析を行い、回帰式とR-2乗値を求めてください。値は小数第3位で四捨五入して、小数第2位までの値を求めてください。

3. データ（第 14 章_章末問題.xlsx の「操作問題③」シート）において、Y を売上個数、X を最高気温とした回帰分析を行い、No.20 のデータの予測値と残差を求めてください。値は小数第 3 位で四捨五入して、小数第 2 位までの値を求めてください。

4. データ（第 14 章_章末問題.xlsx の「操作問題④」シート）において、来店者一人あたり売上個数（売上個数÷来店者数で計算）を求め、Y を来店者一人あたり売上個数、X を価格とした回帰分析を行ってください。分析の結果からわかることとして、**正しいもの**を 1 つ選んでください。
    (1) R-2 乗値が 0.86 となるため、価格によって来店者一人あたり売上個数の変動を約 86％ 説明できている。
    (2) 価格と来店者一人あたり売上個数の関係を表す回帰式は y＝2.95x－0.02 になる。
    (3) R-2 乗値から、来店者一人あたり売上個数の変動の約 27％ は価格以外の要素によって影響を受けていることがわかる。
    (4) 残差の絶対値が 0.2 を超えるデータは 4 件ある。

第15章 最適化

Goal
- シミュレーションにより、原因（x）を動かしたときの結果（y）を検討できる。
- 回帰分析の結果を使ったシミュレーションができる。
- ソルバーを使って、最適化問題を解くことができる。

　価格を変えると、どれくらい売れるかについての報告書を読んだよ。

回帰分析を使ってみたので、具体的にいくらで売ればいくつ売れるか予測できるようになりました。　

　それで、結局いくらで売れば利益を一番増やせるの？

さっそくシミュレーションをいたします！　

この会話のように何かを分析したら、その結果を用いてさらに分析を進めるというのが、ビジネスデータの活用ポイントになります。ここでは、回帰分析の結果を使ったシミュレーションのやりかたを学んでいきましょう。

15.1　Excelでシミュレーションを行う

　第14章では、回帰分析によって具体的にいくらで売るといくつ売れるかの予測ができるようになりました。この方法を使えば、最高気温の予報によって、いくつぐらい売れると予想されるか、お客様への訪問回数を増やすと契約率がどう変わるかといったことを分析できるようになります。

　ただし、回帰分析の結果の使いかたは、これだけではありません。表計算ソフトであるExcelの利点を活かしてシミュレーションを行うと、さらに有益な知見を得ることができます。ここでは、シミュレーションとそれを使った「最適化」問題を解く方法を学びます。

　前章で使用した「第14章.xlsx」と同じデータをもとにした回帰分析の結果を使います。ここで目指すのは次のようなことです。

- 価格を決めると、商品の売上個数の予測ができるようになる（回帰分析の結果の利用）
- 価格を下げれば、売上個数が増える（価格を上げれば、売上個数は減る）という結果を予想できる。
- 価格を下げると粗利が減るので、売上個数が増えても、必ずしも利益が増えるとは限らないという相反する関係（トレードオフの関係）を踏まえ、利益が最大になる販売価格を明らかにする。

まず、利益を求める式を考えます。ここでは、シンプルな利益の式を設定します。

$$利益＝（価格－仕入れ値）×売上個数$$

①学習用ファイル「第15章.xlsx」を開き、「第15章①」シートを表示します。シートには以下の情報が入力されています。（このシートの値は、「回帰分析」シート、「回帰分析の結果」シートをもとにしています。）

	A	B	C	D
1	価格	168		
2	仕入れ値	90		
3	売上個数	100		
4	粗利			
5	利益			
6				

②粗利を計算します。セルB4に、価格から仕入れ値を減算した式「=B1-B2」と入力して［Enter］キーを押します。計算の結果「78」（円）という値が求められます。
Excelでシミュレーションをするためには、式で入力できるものは、必ず式で入力します。あとで価格の値をいろいろ変更したときに、連動して粗利の値が変更されるようにするためです。

	A	B	C	D
1	価格	168		
2	仕入れ値	90		
3	売上個数	100		
4	粗利	78		
5	利益			
6				

③利益も式で入力します。セルB5に利益の式として「=B3*B4」と入力して［Enter］キーを押します。「7800」（円）という値が求められます。

	A	B	C	D
1	価格	168		
2	仕入れ値	90		
3	売上個数	100		
4	粗利	78		
5	利益	7800		
6				

④ここで簡単なシミュレーションをします。たとえば、価格を190円に変更すると、粗利が100円に代わり、それに応じて利益が10,000円に変わるはずです。
このように、シミュレーションとは原因系の変数（ここでは価格）を動かし、結果の値（利益）の動きを確認して、意思決定に用いるという分析手法です。

	A	B	C	D
1	価格	190		
2	仕入れ値	90		
3	売上個数	100		
4	粗利	100		
5	利益	10000		
6				

15.2 回帰分析の結果を活用する

このシミュレーションの結果には、ひとつ問題があります。第14章で学習した「価格が変われば、売上個数も変わる」という関係が反映されていません。

そこで、セルB3の売上個数には「100」という数字ではなく、価格に応じていくつ売れるかを予測する式を入れます。使うのは、「y＝ax＋b」の回帰式です。第14章では、以下の式が求められていました。

$$売上個数(y) = -0.19\,価格(x) + 52.78$$

①「第15章②」シートの7行目以降に、「回帰分析の結果」シートから、「価格の係数」と「切片」を入力します。セルB8に「-0.19」、セルB9に「52.78」を入力します。ここでは、小数第2位に四捨五入した値を使うことにします。より詳細な分析をする場合、小数点以下をさらに細かくする必要があります。小数点以下の指定によって、答えが多少異なることがある点に注意してください。

	A	B	C	D	E
1	価格	168			
2	仕入れ値	90			
3	売上個数	100			
4	粗利	78			
5	利益	7800			
6					
7	回帰分析で得た係数				
8	a（価格の係数）	-0.19			
9	b（切片）	52.78			
10					
11					
12					

②セルB3の「100」を削除して、代わりに「=B8*B1+B9」の数式（回帰式）を入力します。[Enter]キーを押すと、価格168円の場合の予想売上個数が20.86個となり、粗利78円を掛けた1627.08円が予想利益となることがわかります。

	A	B
1	価格	168
2	仕入れ値	90
3	売上個数	20.86
4	粗利	78
5	利益	1627.08
6		
7	回帰分析で得た係数	
8	a（価格の係数）	-0.19
9	b（切片）	52.78
10		

B3: =B8*B1+B9

このように原因と結果の関係を反映させることで、価格という原因を変化させたときに、売上個数や利益といった結果の動きが変わるシートを作成することができます。

15.3 利益を最適化する価格を探す

ここで、価格を100円、150円、200円、250円のそれぞれに設定した場合の予想利益を計算してみます。価格を変更して得られた利益をまとめたのが表15.1です。小数点以下は四捨五入しています。15.2で作成した表を使って、シミュレーションしてみましょう。実際に「第15章②」シートに価格を入力してみるとよりわかりやすくなります。

表15.1　価格別の予想利益

価格	100	150	200	250
予想利益	338	1,457	1,626	845

（単位：円）

この結果から明らかなとおり、ある値段までは価格を上げると利益は増えるものの、ある値段以上になると利益が下がります。この「ある値段」がわかれば、利益を最大化する価格もわかるはずです。

まず、最適価格を手作業（力業）で求めてみたいと思います。価格を1円単位で次々と入力し、いちばん利益が高くなる価格を探していきます。たとえば、100円、101円、102円…といった具合です。次のような結果になります。

表15.2　手作業による最適価格のシミュレーション

価格	182	183	184	185
予想利益	1,674.4	1,674.9	1,675.1	1,674.9

（単位：円）

この場合、184円がもっとも利益の出る価格だということがわかります。

15.4 ソルバー機能を活用する

最適価格を特定する際、いちいち手で入力していては大変です。Excelには最適化問題を解くために、[**ソルバー**]という機能があります。この方法をマスターしましょう。

● 15.4.1 ソルバーアドインを設定する

Excelのアドインで、ソルバー機能を追加します。Excelの既定では、ソルバー機能は利用できない状態になっています。アドインの追加は、第5章で学習しましたが、念のため、ここでも方法を再確認しておきます。

① Excelを起動したら、[ファイル]タブをクリックして、左側のメニューにある[オプション]をクリックします。

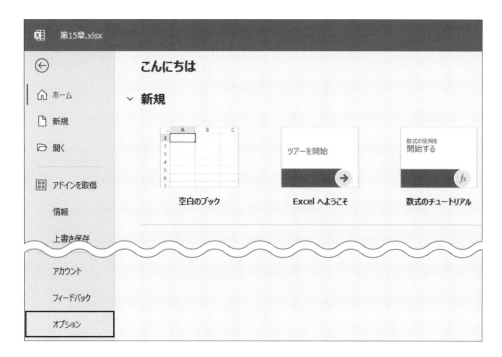

② [Excelのオプション]ダイアログボックスが表示されたら、左側のメニューの[アドイン]をクリックします。

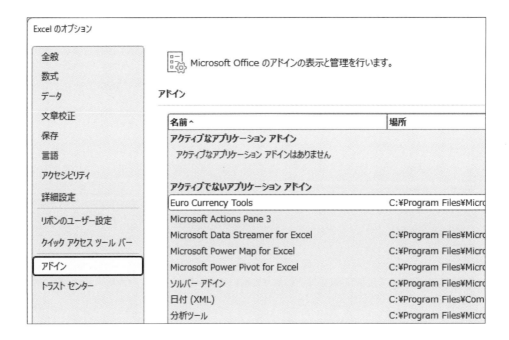

③ダイアログボックスの下部にある［管理］に［Excel アドイン］が表示されていることを確認したら、［設定］ボタンをクリックします。

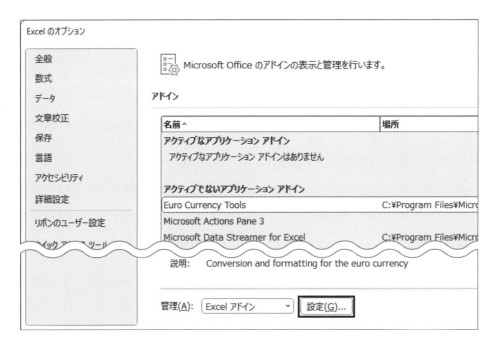

④［ソルバーアドイン］にチェックを入れ［OK］をクリックすると、［データ］タブの［分析］グループに［ソルバー］が追加されます。これで準備完了です。

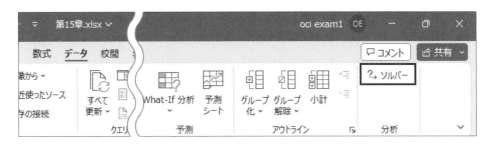

● 15.4.2　ソルバーを使用して最適化する

それでは、ソルバーを使って最適化していきます。

①学習用ファイル「第15章.xlsx」の「第15章②」シートを表示します。

②［データ］タブの［分析］グループから［ソルバー］をクリックします。

③［ソルバーのパラメーター］ダイアログボックスが表示されたら、以下の4か所を設定していきます。ひとつずつ見ていきましょう。

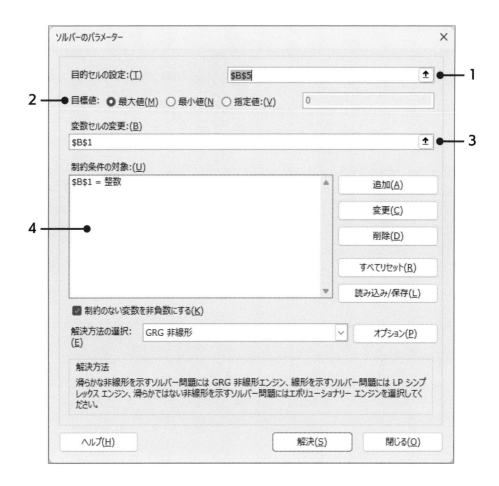

1. 目的セルの設定
ここには、値を最大や最小にしたいゴールとする変数が入ります。今回は利益を最大にする価格を探しますので、「利益」の式が入っているセル B5 を指定します。

2. 目標値
1 で設定したセルの値の指定をします。今回は「最大値」にするのが目的なので、[最大値] を選びます。

3. 変数セルの変更
原因系の変数を指定します。ここでは価格を動かしますので、「価格」が入っているセル B1 を指定します。

4. 制約条件の対象
最後に少しややこしいですが、制約条件を設定します。ここでは、価格は 1 円単位で動かし、小数点以下の値をとらず、整数のみを候補とするので、「B1 の値は整数しかとらない」という制約を設定します。制約条件の対象の右側にある [追加] ボタンをクリック

し、次の図のように、セル B1（価格）を［int］（integer、整数）とする制約条件を指定して［OK］ボタンをクリックします（［int］を選択すると、［制約条件］は自動的に［整数］になります）。

なお、今回は、求める価格（原因）を整数として求めたいので、制約条件を追加しましたが、制約条件は必ずしも指定する必要はありません。制約条件で B1（価格）を整数にしない場合、小数点以下を含む値が出力されます。

④［ソルバーのパラメーター］ダイアログボックスの［解決］ボタンを押すと、［ソルバーの結果］ダイアログボックスが表示され、計算が終わったことがわかります。答えが求められた場合には、「ソルバーによって解が見つかりました。すべての制約条件と最適化条件を満たしています。」というメッセージが表示されます。

［OK］ボタンをクリックして、セル B1 に最適化の結果の値（184 円）が求められていることを確認します。

	A	B	C	D	E
1	価格	184			
2	仕入れ値	90			
3	売上個数	17.82			
4	粗利	94			
5	利益	1675.08			
6					
7	回帰分析で得た係数				
8	a（価格の係数）	-0.19			
9	b（切片）	52.78			
10					
11					
12					

15.5 まとめ

シートに原因と結果の関係を示す数式を組み込むことで、原因を動かしたときの結果の動きを確認（シミュレーション）できるようになります。また、結果の値（目標値）を設定し、制約条件を決めれば、それを達成する値を特定する（最適化問題を解く）こともできます。

ビジネスにおいて、このようなシミュレーションを用いると、想定するさまざまな状況からどのような結果が得られるかを知ることができるようになります。意思決定の際に有効な情報が得られるため活用したい手法といえます。

第3部（第11章～第15章）では、変数と変数の関係に着目した分析として、集計（平均の比較、クロス集計）、散布図、相関分析、回帰分析、そして最適化を学習しました。

本書は、あまり複雑な分析までは含まれていませんが、これだけでも使いこなせれば、さまざまなビジネスシーンでの分析ができるようになります。

章末問題

知識問題

1. 次のなかから、**誤っているもの**を1つ選んでください。
   (1) 原因と結果の関係を式の形で定義すると、シミュレーションを行うことができる。
   (2) シミュレーションを行うと、原因（x）やその他の影響要因をさまざまな値に変更したときに、結果（y）がどのような動きになるかを検討することができる。
   (3) Excelでは、ソルバーを使うと、最適化問題を解くことができる。
   (4) 価格を上げれば上げるほど利益が増えるので、価格は高く設定するほうが利益を最大化できる。

2. 次のなかから、**誤っているもの**を1つ選んでください。
   (1) ソルバーでは「目的セルの設定」の欄に、結果として求めたい値のセルを指定する。
   (2) ソルバーでは「目標値」の指定で、結果として求めたい値を指定する。
   (3) ソルバーでは「変数セルの変更」の欄に、原因として動かす値のセルを指定する。
   (4) ソルバーでは必ず「制約条件」を設定しなければならない。

操作問題

1. 回帰分析の結果、販売個数＝－1.38×価格＋175.74 という回帰式を得ました。以下の条件でシミュレーションして、利益が最大になる価格を求めてください。（操作には、第15章_章末問題.xlsx の「操作問題①」シートを使用します。）
   ・仕入れ価格は70円とする。
   ・価格の初期値は仕入れ価格と同じ値とする。
   ・価格は整数値を制約条件とする。

2. 回帰分析の結果、販売個数＝－2.49×価格＋460.33 という回帰式を得ました。以下の条件でシミュレーションして、利益が最大になる価格を求め、そのときの利益を答えてください。利益は、小数第1位で四捨五入して、整数値で解答します。（操作には、第15章_章末問題.xlsx の「操作問題②」シートを使用します。）
   ・仕入れ価格は90円とする。
   ・価格の初期値は仕入れ価格と同じ値とする。
   ・価格は整数値を制約条件とする。

3. 価格と売上個数のデータをもとに回帰分析を行い、求められた回帰式から利益が最大になる価格を求めてください。ただし、シミュレーションの条件は以下のとおりとします。（操作には、第15章_章末問題.xlsx の「操作問題③」シートを使用します。）
   ・仕入れ価格は100円とする。
   ・価格の初期値は仕入れ価格と同じ値とする。
   ・価格は整数値を制約条件とする。
   ・回帰式の傾きと切片は小数第2位までの値に四捨五入する。

4. 価格と売上個数のデータをもとに回帰分析を行い、求められた回帰式から利益が最大になる価格を求め、そのときの利益を答えてください。ただし、シミュレーションの条件は以下のとおりとします。利益は、小数第1位で四捨五入して、整数値で解答します。（操作には、第15章_章末問題.xlsx の「操作問題④」シートを使用します。）
   ・仕入れ価格は95円とする。
   ・価格の初期値は仕入れ価格と同じ値とする。
   ・価格は整数値を制約条件とする。
   ・回帰式の傾きと切片は小数第2位までの値に四捨五入する。

章末問題　解答

　章末問題の解答と詳細な解説は、Webページからダウンロードをしてください。ダウンロード方法は「学習用データのダウンロード」（ix ページ）をご参照ください。

第1章　平均（11ページ）

[知識問題]

1. （3）
2. （3）
3. （4）

[操作問題]

操作問題1～3は、AVERAGE関数を使用して、指定されたセル範囲の平均を求めます。

1. 85
2. 14.2
3. 167.7

第2章　中央値（19ページ）

[知識問題]

1. （3）
2. （2）
3. （4）

[操作問題]

操作問題1～3は、MEDIAN関数を使用して、指定されたセル範囲の中央値を求めます。

1. 720
2. 63
3. 400

第3章　最頻値（25ページ）

[知識問題]

1. （1）
2. （2）
3. （3）

[操作問題]

操作問題1～3は、MODE.SNGL関数を使用して、指定されたセル範囲の最頻値を求めます。

1. 10
2. 3
3. 4

第 4 章　レンジ（33 ページ）

[知識問題]

1. (1)
2. (4)
3. (2)

[操作問題]

操作問題 1 ～ 3 は、MAX 関数と MIN 関数を使用して、指定されたセル範囲の最大値と最小値を計算し、最大値から最小値を引いて範囲（レンジ）を求めます。

1. 670
2. (3)
3. 11.6

第 5 章　標準偏差（50 ページ）

[知識問題]

1. (2)
2. (4)
3. (3)

[操作問題]

1. (3)

    データを母集団データとみなすため、STDEV.P 関数を用いてセル範囲 B3：B9 の標準偏差を求めます。「73.08508…」となるため、値がもっとも近い選択肢（3）が正解です。

2. (2)

    データをサンプルデータとみなすため、STDEV.S 関数を用いてセル範囲 B3：B12 の標準偏差を求めます。「1.969207…」となるため、値がもっとも近い選択肢（2）が正解です。

3. 3300

    分析ツールの「基本統計量」を用いてセル範囲 B3：B33 の統計情報を求めます。標準偏差が「3300.120558…」となるため、小数第 1 位を四捨五入した 3300 が正解です。

第 6 章　外れ値の検出（62 ～ 63 ページ）

[知識問題]

1. (4)
2. (2)
3. (4)
4. (2)

[操作問題]

1. A106

    表に最低基準（12.0）と最高基準（12.8）のデータを追加した折れ線グラフを作成して、外れ値である製造番号を探します。

2. (1)

セル範囲 B2：C13 から散布図を作成して、外れ値と思われる月を探します。

3. (2)

セル範囲 B2：C13 から散布図を作成して、外れ値と思われる月を探します。

第 7 章　度数分布表（76 〜 77 ページ）

知識問題

1. (3)
2. (2)
3. (2)
4. (2)
5. (4)

操作問題

1. [A] 0.24　[B] 0.96

度数分布表を作成して、空欄 A と空欄 B の値を求めます。相対度数は、度数を度数の合計で割って求めます。累積相対度数は、相対度数を階級順に加算して求めます。

2. (2)

COUNTIF 関数と COUNTIFS 関数を使用して、それぞれの階級の度数を求めます。「70-79」が「5」となりもっとも大きいため、選択肢（2）が正解です。

3. 12

COUNTIFS 関数を使用して、「30.0-34.9」の階級の度数を求めます。

第 8 章　標準化（84 〜 85 ページ）

知識問題

1. (2)
2. (2)
3. (3)
4. (2)

操作問題

1. B 薬局の胃腸薬

STANDARDIZE 関数を使用して各商品の販売数を標準化します。「B 薬局」の「胃腸薬」が「1.12」で一番大きい値になります。

2. STANDARDIZE 関数で 3 科目のテストの得点を標準化して比較します。

① (3)

出席番号 8 の生徒について、標準化した値がもっとも大きいのは「0.74」の英語のため、選択肢（3）が正解です。

② (2)

出席番号 20 の生徒について、数学の得点を標準化した値は「-0.71」のため、選択肢（2）が正解です。

③ (4)

英語の標準化データがマイナスになっている生徒は 18 人のため、選択肢 (4) が正解です。

第 9 章　移動平均（96 〜 97 ページ）

知識問題

1. (3)
2. (2)
3. (4)
4. (2)

操作問題

1. (3)

分析ツールの「移動平均」を使用して、6 か月間の移動平均を求めます。区間を「6」に設定すると、2019 年 12 月の移動平均値は「68,401」となるため、値がもっとも近い選択肢 (3) が正解です。

2. (2)

分析ツールの「移動平均」を使用して、3 日間の移動平均を求めます。区間を「3」に設定すると、5 月 5 日の移動平均値は「153.3333…」となるため、値がもっとも近い選択肢 (2) が正解です。

3. (3)

分析ツールの「移動平均」を使用して、1 週間の移動平均を求めます。区間を「7」に設定すると、5 月 29 日の移動平均値は「72.142857…」となるため、値がもっとも近い選択肢 (3) が正解です。

第 10 章　季節調整（110 〜 111 ページ）

知識問題

1. (4)
2. (2)
3. (3)

操作問題

1. 30000（百万円）

9 月の売上高（セル B10）を季節指数（セル C10）で割ることで、季節調整済みの売上高を求めます。

2. データから季節変動値、季節指数を計算し、季節調整済データを求めます。

① 1.07

2020 年の第 3 四半期の季節変動値は「1.0707…」となり、小数第 3 位を四捨五入した「1.07」が正解です。

② (2)

季節指数（補正トリム平均）は、第 1 四半期が「0.708…」、第 2 四半期が「0.874…」、第 3 四半期が「1.074…」、第 4 四半期が「1.342…」となるため、選択肢 (2) が正解です。

③ (3)

2024年の第2四半期の季節調整済データは「1932.1964…」となるため、値がもっとも近い選択肢（3）が正解です。

第11章 集計（130～131ページ）

[知識問題]

1. (3)
2. (1) (4)
3. (1)
4. (3)

[操作問題]

1. 54.9

ピボットテーブルを使用して、会員カードを持っている人と持っていない人の平均を求めます。集計の結果から差を求めると「54.892…」となるため、小数第2位を四捨五入した「54.9」が正解です。

2. (4)

ピボットテーブルを使用して、受講コースごとにテストの成績（点）の「平均」と「標準偏差」を求めます。集計の結果から、テストの全体の平均点「68.4375」より小さい平均点は、Bコースの「64.6」のみと確認できるため、選択肢（4）が正解です。

3. 14.3%

ピボットテーブルを使用してクロス集計表を作成し、学生のD社の使用比率を求めます。集計の結果「14.29%」となるため、小数第2位を四捨五入した「14.3%」が正解です。

4. S出版の21.4%

IFS関数でランクを割り当ててクロス集計表を作成し、Aランクの比率を比較します。集計の結果もっとも低い比率は「21.43%」のS出版です。小数第2位を四捨五入した「21.4%」が正解です。

第12章 散布図（142～143ページ）

[知識問題]

1. (2)
2. (4)

[操作問題]

1. (1)

セル範囲B2：C11から、散布図を作成します。作成されたグラフの横軸は、［軸の書式設定］から「最小値」を「25」に変更します。

2. (1) (4)

セル範囲A1：C15から、折れ線グラフを作成します。作成されたグラフは、［データ系列の書式設定］から、2軸グラフに変更します。

3. 以下の図のとおり

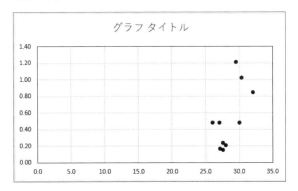

「来店客一人あたりのビールの売上本数」を算出し、セル範囲 B2：B11 とセル範囲 E2：E11 から、散布図を作成します。

4. 以下の図のとおり

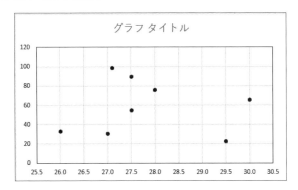

「平日 / 休日」の項目を昇順（もしくは降順）で並べ替え、平日のデータのみで散布図を作成します。

第 13 章　相関分析（154 〜 155 ページ）

知識問題

1. (2)
2. (2)
3. (1) (3)
4. (3)

操作問題

1. 0.94

    CORREL 関数を使用して、セル範囲 B2：B11 とセル範囲 C2：C11 の相関係数を求めます。

2. (3)

    分析ツールの「相関」を使用して相関係数を求めます。最高気温との相関係数の絶対値がもっとも大きい「-0.805…」は商品 B の売上のため、選択肢（3）が正解です。

3. -0.04

    「平日 / 休日」の項目を昇順（もしくは降順）で並べ替え、平日のデータのみ範囲選択

し、CORREL 関数を使用して相関係数を求めます。
4. ドル円とユーロ円、0.89
分析ツールの「相関」を使用して相関係数を求めます。相関係数の絶対値がもっとも大きい「0.890…」はドル円とユーロ円の組み合わせです。

第14章 回帰分析（168〜169ページ）

知識問題

1. （3）
2. （2）
3. （1）
4. （2）

操作問題

1. 1.38
分析ツールの「回帰分析」を使用します。回帰分析の結果から、四捨五入した傾きは「-1.38」のため、価格が1円上がると売上個数は約1.38個減ることがわかります。反対に、価格が1円下がれば売上個数が約1.38個増えます。

2. y=-2.55x+449.56、0.43
分析ツールの「回帰分析」を使用します。回帰分析の結果から、傾きは「-2.55」、切片は「449.555…」のため、回帰式は y=-2.55x+449.56（小数第3位を四捨五入）となります。R-2乗値は「重決定R2」を確認します。

3. 予測値 146.13　残差 -3.13
分析ツールの「回帰分析」を使用します。「残差」を出力し、観測値（No.）「20」のデータを見ると、予測値は「146.13」、残差は「-3.13」です。（小数第3位を四捨五入）

4. （3）
来店者一人あたりの売上個数を算出し、分析ツールの「回帰分析」を使用します。回帰分析の結果、R-2乗値（重決定R2）は約0.73です。これは、売上個数の変動の約73％を価格で説明できる（売上個数の変動の約27％は価格以外の要素の影響である）ことを示すため、選択肢（3）が正解です。

第15章 最適化（180〜181ページ）

知識問題

1. （4）
2. （4）

操作問題

1. 99
ソルバーを使用して、価格の動きをシミュレートして最適化します。ソルバーの結果から、99円で販売すれば、1134.5円の利益になり、最大となります。

2. 5602
ソルバーを使用して、価格の動きをシミュレートして最適化します。ソルバーの結果から、137円で販売すれば、5602円の利益になり、最大となります。

3. 237

回帰分析を行ったあと、ソルバーを使用して、価格の動きをシミュレートして最適化します。ソルバーの結果から、237 円で販売すれば、24660 円の利益になり、最大となります。

4. 4657

回帰分析を行ったあと、ソルバーを使用して、価格の動きをシミュレートして最適化します。ソルバーの結果から、167 円で販売すれば、4657 円の利益になり、最大となります。

索引

数字
100％積み上げ横棒グラフ 128
2軸グラフ 135

a–z
AVERAGE 関数 4
CORREL 関数 145
COUNTIF 関数 66
COUNTIFS 関数 67
Excel アドイン 45, 176
［Excel のオプション］ダイアログボックス
.... 45, 175
IF 関数 129
IFS 関数 122
int (integer) 179
MAX 関数 28, 103
MEDIAN 関数 16
MIN 関数 28, 104
MODE.SNGL 関数 21
#N/A 21, 91
PEARSON 関数 146
POS レジ 115
R-2 乗値 162, 166
SQRT 関数 39
STANDARDIZE 関数 81
STDEV.P 関数 40, 80
STDEV.S 関数 40, 81
SUM 関数 106
t 検定 122
y=ax+b（回帰式） 160, 173

ア
アドイン 44, 175
［値フィールドの設定］ダイアログボックス
.... 120, 127
移動平均 87

因果関係 153, 157
演算子 6
［オート SUM］ボタン 7, 28, 30, 36
オートフィル 37
オフシーズン 93
オンシーズン 93
折れ線グラフ 58, 101, 134

カ
回帰式 160, 173
回帰分析 160, 171
階級 66
加減乗除 6
仮説 116
仮説検証 164
仮説検定 116, 122, 128
傾き 160
カテゴリー 116
カテゴリー変数 116
間隔尺度 116
関数の挿入 9
関数のネスト 129
［関数の引数］ダイアログボックス 9
関数ライブラリ 8
疑似相関 153
季節指数 107
季節性 110
季節調整 99
季節変動 87
季節変動値 99, 101
季節要因 100
基本統計量 44
近似曲線 56, 158, 162
近似曲線の書式設定 159
区間 91
クロス集計表 126

クロス表	99, 103
傾向	138
[形式を選択して貼り付け]	
ダイアログボックス	107
結果系変数	116
決定係数	162
原因系変数	116
検定	70

サ

最小値	13, 103
最小二乗法	160
最大値	13, 103
最適化	171
最頻値	21
残差	164
散布図	53, 137
サンプル	40, 81
軸の書式設定	73
軸ラベル	74, 136
時系列データ	87, 99, 133
四則演算	6
質的変数	116
シミュレーション	171
重回帰分析	167
集計	115
重決定 R2	166
集合縦棒グラフ	75
順序尺度	116
条件付き書式	105
小数点以下の表示桁数を増やす	15
小数点以下の表示桁数を減らす	15
推定	70
数式バー	4
正規分布	70
成長	87, 101
正の相関	53, 139, 147
制約条件	178
絶対参照	90
絶対値	148
切片	161
線形近似	159
選択肢（カテゴリー）	116

相加平均	11
相関	145
相関がある	148
相関がない	148
相関関係	148
相関係数	145
[相関] ダイアログボックス	150
相対度数	68
相関分析	145
総和	4
ソルバー	175
ソルバーアドイン	175
[ソルバーの結果] ダイアログボックス	179
[ソルバーのパラメーター]	
ダイアログボックス	177

タ

第 2 軸	136
打点（プロット）	53
単回帰分析	167
中央値	13
直線関係	145
データ系列の書式設定	75, 135
データの検知	7, 29
[データ分析] ダイアログボックス	47, 90, 149
[テーブルまたは範囲からのピボット	
テーブル] ダイアログボックス	118
統計量	3, 13, 18, 32, 44
度数	65
度数分布表	65
トリム平均	103
トレードオフの関係	171

ハ

外れ値	13, 53, 71
パターン（傾向）	138
範囲	27
判別分析	117
ピアソンの積率相関係数	145
引数	29
ヒストグラム	65, 70

ピボットテーブル 117, 125
ピボットテーブルのフィールド 119
標準化 79
標準偏差 35, 79
比例尺度 116
フィールド 119
フィルハンドル 37
複合参照 37
負の相関 147, 139, 157
振れ幅 27
分散 35
分析ツール 44, 89, 149, 164
分析ツールアドイン 44
平均 3
偏差 35
変動要因 87, 110
補助線 56
母集団 40, 70, 81
補正値 106
補正トリム平均 106
棒グラフ 70

マ

無作為変動 87
名義尺度 116
モード 21

ヤ

予測 87, 94
予測値 166
要約統計量 117

ラ

量的変数 116
累積相対度数 69
累積度数 69
レンジ 27
ロジスティック回帰 117

● 著者紹介

玄場 公規 （げんば きみのり）
法政大学　イノベーション・マネジメント研究科

法政大学大学院イノベーション・マネジメント研究科・研究科長・教授。東京大学大学院工学系研究科先端学際工学専攻博士課程修了（学術博士）。三和総合研究所研究員、東京大学工学系研究科アクセンチュア寄附講座助教授、芝浦工業大学大学院工学マネジメント研究科助教授、スタンフォード大学アジアパシフィックリサーチセンター客員研究員、立命館大学大学院テクノロジー・マネジメント研究科教授などを経て、現職。専門は、経営戦略、イノベーション戦略。著書に『理系のための企業戦略論』（日経BP社）、『製品アーキテクチャーの進化論』（白桃書房）、『イノベーションと研究開発の戦略』（芙蓉書房）などがある。

湊 宣明 （みなと のぶあき）
立命館大学テクノロジー・マネジメント研究科

立命館大学大学院テクノロジー・マネジメント研究科・研究科長・教授。仏 Ecole Superieure de Commerce de Toulouse 修了（航空宇宙管理学）。博士（システムエンジニアリング学、慶應義塾大学）。国立研究開発法人宇宙航空研究開発機構（JAXA）、慶應義塾大学助教、特任准教授、シンガポール国立大学客員研究員を経て、現職。専門は、システム工学、航空宇宙管理学。著書に『経営工学のためのシステムズアプローチ』（講談社）、『実践システムシンキング』（講談社）、『リ・デザイン思考－宇宙開発から生まれた発想ツール』（実務教育出版社）、『新しいビジネスデザインの教科書－新規事業の着想から実現まで』（講談社）などがある。

豊田 裕貴 （とよだ ゆうき）
法政大学　イノベーション・マネジメント研究科

法政大学大学院イノベーション・マネジメント研究科・教授。博士（経営学）。リサーチ会社、シンクタンクの研究員などを経て、2004年4月より多摩大学経営情報学部マネジメントデザイン学科助教授、2015年4月より現職。専門はマーケティングリサーチ、マーケティング、ビジネスデータ分析。より実践的で実用的なマーケティングやデータ活用の研究・普及に努めている。著書に『これ一冊で完璧！Excelでデータ分析 即戦力講座』（秀和システム）、『すぐやってみたくなる！データ分析がぐるっとわかる本』（すばる舎）、『マーケティングってそういうことだったの!?』（あさ出版）、『ブランドポジショニングの理論と実践』（講談社）などがある。

公式テキスト
ビジネス統計スペシャリスト　エクセル分析 一般

2024 年 12 月 19 日　初版　第 1 刷発行
2025 年 5 月 17 日　初版　第 3 刷発行

著者	玄場 公規、湊 宣明、豊田 裕貴
発行	株式会社オデッセイコミュニケーションズ
	〒 100-0005　東京都千代田区丸の内 3-3-1　新東京ビル B1
	E-Mail：publish@odyssey-com.co.jp
印刷・製本	中央精版印刷株式会社
カバーデザイン	小川 純（オガワデザイン）
カバーイラスト	takahuli.production/Shutterstock
本文イラスト	熊アート
本文デザイン・DTP	BUCH⁺

- 本書は著作権法上の保護を受けています。本書の一部または全部について（ソフトウェアおよびプログラムを含む）、株式会社オデッセイコミュニケーションズから文書による許諾を得ずに、いかなる方法においても無断で複写、複製することは禁じられています。無断複製、転載は損害賠償、著作権上の罰則対象となることがあります。
- 本書の内容に関するご質問は、上記の宛先まで、書面、もしくは E-Mail にてお送りください。お電話によるご質問には対応しておりません。
- 本書で紹介している内容、操作以外のご質問には、一切お答えできません。また、本書で紹介する製品やサービスの提供会社によるサポートが終了した場合は、ご質問にお答えできないことがあります。あらかじめご了承ください。
- 落丁・乱丁はお取り替えいたします。上記の宛先まで、書面、もしくは E-Mail にてお問い合わせください。

© 2024 Odyssey Communications Inc. ISBN978-4-908327-20-9 C3055